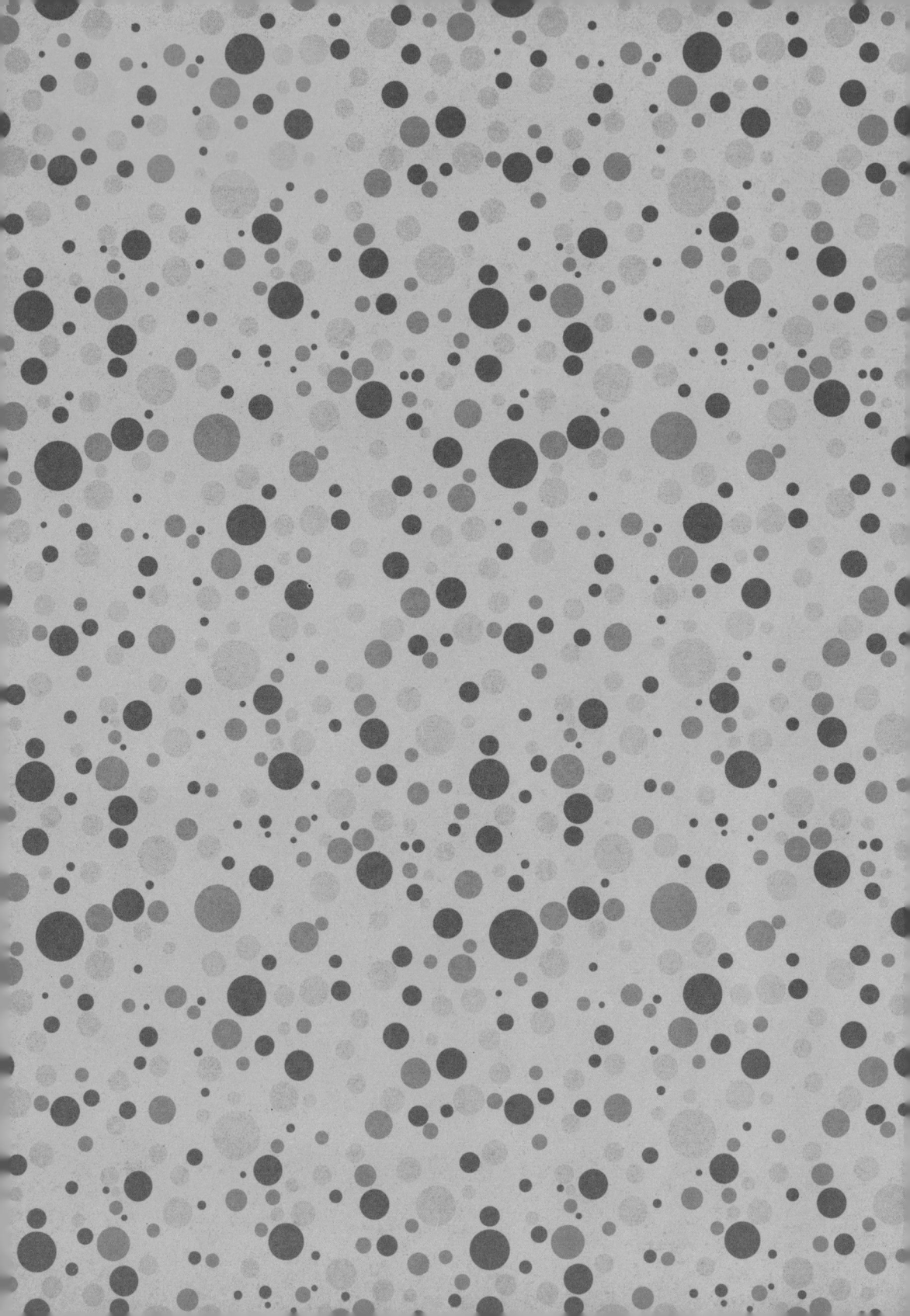

青少年科学探索第一读物

全彩版

杨 昀◎编

无边无际的
宇　宙

WU BIAN WU JI DE YU ZHOU

探索未知
发现未来

甘肃科学技术出版社

图书在版编目（CIP）数据

无边无际的宇宙 / 杨昀编 . —兰州：甘肃科学技术出版社，2013.4

（青少年科学探索第一读物）

ISBN 978-7-5424-1787-9

Ⅰ.①无… Ⅱ.①杨… Ⅲ.①宇宙—青年读物②宇宙—少年读物Ⅳ.① P159-49

中国版本图书馆 CIP 数据核字 (2013) 第 067318 号

责任编辑	刘　钊（0931-8773274）
封面设计	晴晨工作室
出版发行	甘肃科学技术出版社（兰州市读者大道 568 号　0931-8773237）
印　　刷	北京市通州富达印刷厂
开　　本	700mm×1000mm　1/16
印　　张	10
字　　数	153 千
版　　次	2013 年 4 月第 1 版　2016 年 4 月第 2 次印刷
印　　数	1～3000
书　　号	ISBN 978-7-5424-1787-9
定　　价	26.80 元

前 言

科学技术是人类文明的标志。每个时代都有自己的新科技，从火药的发明，到指南针的传播，从古代火药兵器的出现，到现代武器在战场上的大展神威，科技的发展使得人类社会飞速的向前发展。虽然随着时光流逝，过去的一些新科技已经略显陈旧，甚至在当代人看来，这些新科技已经变得很落伍，但是，它们在那个时代所做出的贡献也是不可磨灭的。

从古至今，人类社会发展和进步，一直都是伴随着科学技术的进步而向前发展的。现代科技的飞速发展，更是为社会生产力发展和人类的文明开辟了更加广阔的空间，科技的进步有力地推动了经济和社会的发展。事实证明，新科技的出现及其产业化发展已经成为当代社会发展的主要动力。阅读一些科普知识，可以拓宽视野、启迪心智、树立志向，对青少年健康成长起到积极向上的引导作用。青少年时期是最具可塑性的时期，让青少年朋友们在这一时期了解一些成长中必备的科学知识和原理是十分必要的，这关乎他们今后的健康成长。

科技无处不在，它渗透在生活中的每个领域，从衣食住行，到军事航天。现代科学技术的进步和普及，为人类提供了像广播、电视、电影、录像、网络等传播思想文化的新手段，使精神文明建设有了新的载体。同时，它对于丰富人们的精神生活，更新人们的思想观念，破除迷信等具有重要意义。

现代的新科技作为沟通现实与未来的使者，帮助人们不断拓展发展的空间，让人们走向更具活力的新世界。本丛书旨在：让青少年学生在成长中学科学、懂科学、用科学，激发青少年的求知欲，破解在成长中遇到的种种难题，让青少年尽早接触到一些必需的自然科学知识、经济知识、心理学知识等诸多方面。为他们提供人生导航、科学指点等，让他们在轻松阅读中叩开绚烂人生的大门，对于培养青少年的探索钻研精神必将有很大的帮助。

科技不仅为人类创造了巨大的物质财富，更为人类创造了丰厚的精神财富。科技的发展及其创造力，一定还能为人类文明做出更大的贡献。本书针对人类生活、社会发展、文明传承等各个方面有重要影响的科普知识进行了详细的介绍，读者可以通过本书对它们进行简单了解，并通过这些了解，进一步体会到人类不竭而伟大的智慧，并能让自己开启一扇创新和探索的大门，让自己的人生站得更高、走得更远。

本书融技术性、知识性和趣味性于一体，在对科学知识详细介绍的同时，我们还加入了有关它们的发展历程，希望通过对这些趣味知识的了解可以激发读者的学习兴趣和探索精神，从而也能让读者在全面、系统、及时、准确地了解世界的现状及未来发展的同时，让读者爱上科学。

为了使读者能有一个更直观、清晰的阅读体验，本书精选了大量的精美图片作为文字的补充，让读者能够得到一个愉快的阅读体验。本丛书是为广大科学爱好者精心打造的一份厚礼，也是为青少年提供的一套精美的新时代科普拓展读物，是青少年不可多得的一座科普知识馆！

目录 contents

目录

CONTENTS

第四章 **宇宙的过去**

第五章 **宇宙的诞生**

第六章 **宇宙黑洞**

目　录

CONTENTS

Part 1
认识宇宙

宇宙是由空间、时间、物质和能量所构成的统一体，是一切空间和时间的综合。一般意义上的宇宙指我们所存在的一个时空连续系统，包括其间的所有物质、能量和事件。根据大爆炸宇宙模型推算，宇宙年龄大约200亿年。

宇宙概况 ▶▶▶

宇宙（图1）到底有多大？让我们以人类熟悉的概念来比较一下。飞行最快的一种喷气式战斗机，其速度可以超过每秒1千米（大约0.6英里），已经达到音速的3倍了。即使以这种速度，如果想要到达除太阳之外距地球最近的星座半人马座（比邻星）也要花费一百万年！并且，如果把这段距离的大小看做是我们早餐中一粒薄薄的麦片，那么距离我们最远的星系就相当于在地球的另一端！面对如此浩瀚的宇宙，天文学家宣称知道很多关于宇宙及其结构的知识似乎是难以令人相信的。不过，现代的探索家在研究神秘莫测的宇宙时已经拥有了许多可以帮助他们的工具。所以，我们在20世纪所取得的宇宙科学与技术方面的进步，比此前历史中所获得的总和还要多。本书将告诉你宇宙从何而来，以及将如何发展和如何结束。首先，让我们来了解宇宙中到底有些什么，以及天文学家是如何知道他们所宣称的这些宇宙的秘密的。

图1

在我们生活的地球周围，包围着许许多多、各种各样的宇宙物质：行星、彗星、恒星、星系、星云、气体以及尘埃等等。在晴朗的夜晚，或许你可以看见几千颗恒星、一两颗行星，

图2

还有一些模糊的块状物，其中的一个块状物是叫做仙女座的星系。这个星系是人类无需借助天文观测设备就能看到的最远，也是最大的星系。仙女座（图2）距离我们大约有290万光年，直径有10万光年。在宇宙当中，仙女座仍然可以被看成是我们的近邻。天文学家衡量距离经常使用的单位是光年。现在让我们出发看看宇宙深处都有些什么，首先从距离我们最近的星体——行星开始。

行 星

在1800年以前，人类所知道的行星（图3）仅仅只有太阳系九大行星中的六个。但是现在，天文学家已经明白行星是很普遍的，几乎在宇宙中到处存在。行星分为两类：体积小的叫做类地行星，他们几乎全都是由岩石和金属成分构成，表面非常粗糙，可能存在于大气层。水星、火星、地球、金星，还有冥王星都是属于这一类的。其他的行星——比如木星、土星、海王星、天王星，以及迄今为止发现的所有围绕其他恒星的行星——体积都数倍于类地行星，被称为气巨星，虽然他们并不是由气体构成的。它们是由氢、氦构成，这两种元素在地球上通常呈气态。然而在气巨星内，它们却是以液态存在的。所以气巨星是可以旋转的液体星球。这些行星上存在着混合的大气，或许也有一个固态的核。

图3

恒 星

大部分的行星都是围绕恒星（图4）来运行的，就像地球围绕着太阳旋转一样。即使使用最先进的望远镜，我们所能观察到的恒星看上去都不会比大头针的针尖大。

事实上，恒星是直径为数十万千米的巨大、灼热的气态球体。它们的

图 4

形状与色彩各异，有的甚至是成对出现，互为中心旋转，这样的恒星叫双星。在恒星中最普通、最小、等级最低的就是红矮星。红矮星的体积有太阳的一半，表面温度高达 4000℃。类太阳恒星的温度则较高，呈黄色，体积更大，不太常见。最高等级的恒星是发出耀眼光芒、比太阳大数十倍的蓝巨星。这种恒星非常稀少，并且其温度高达 50000℃。但是，所有这些恒星终其一生都以同样的方式燃烧。当恒星变老后，会发生一些剧烈变化。以太阳为例，当太阳开始死亡时，会先成为一个庞然大物——红巨星，比一般的恒星大几百倍。在此以后，红巨星开始收缩，形成一个比一般恒星小 100 倍的白矮星。

星 云

由气体和尘埃构成的云团叫做星云（图 5）。星云内部主要是氢气和氦气，同时也有一些其他气体以及覆盖着冰衣的碳微粒。恒星是在星云内部形成的。星云的明暗取决于观测的方式，以及附近是否有其他恒星的影响。附近恒星发出的光会被星云中的气体反射，形成反射星云，或者使星云中的气

图 5

体看上去就像极光一样，这样的星云称为散光星云。如果星云周围没有其他恒星，气体不能反射光线，则一般很难被发现。最大的星云是巨分子云团，它们一般会绵延数百光年并包含有足以形成百万颗恒星的物质。

星系

更大的是星系（图6），星系内部包含有星云、恒星和行星，星系存在的基本方式有三种。银河系就是一个典型的旋涡状星系，包含有2000亿颗行星。就和名称一样，旋涡星系中的星云和恒星都呈旋涡状，并且通

图6

常是一个碟状的平面。但是，旋涡星系的中心是突起的，就像煎鸡蛋一样。最大的星系是椭圆状星系。椭圆星系是旋涡星系的好几倍，其直径可以达到10万光年。椭圆星系就好像一个巨大的橄榄球，但它的三个轴长度不同。椭圆星系与旋涡星系的另一个区别就是包含较少的星云物质，所以新诞生的恒星比较少。最后是不规则的星系，当然并不是所有的不规则星系就像它们的名称一样没有形状。一些不规则星系也会呈现出碟状的形态，但是它们不像旋涡星系一样有螺旋臂。

星系星团

正如恒星在引力作用下形成更大的星系一样，星系也会在引力作用下聚合形成巨大的星团。最大的星团（图 7），比如处女座星团，是由成千

图 7

上万独立的星系构成的，其范围大约有 2000 万光年。但是一些小的星团，比如有银河系、处女座所在的本星系团，容纳了大约 30 个左右的小型星系，其范围约 500 万光年。一般来说，和星系一样，容量最大的星系星团有不同的类型，当星团中心是庞大的星系时，其形状一般为椭圆状。在星团的中心非常拥挤，星系之间距离很小，比恒星要拥挤得多。但是在离星团核心比较远的地方，密度开始降低，星系变得比较小，不规则，包含的恒星也越少，并且占据的空间也越大。

超星团

星系星团并不是已知最大的结构。和星系聚合一样，星团也会形成庞大的超星团。从规模最大的层面来讲，宇宙就像一个"泡沫"状的结构，那些巨大的星团和超星团（图 8）就是形成"泡沫"中一个个"气泡"的丝状物。在"气泡"里面是接近"真空"的巨大空间，其直径可能有 1.5 亿至 2 亿光年。几乎宇宙中所有的可见物质都被封锁在这个巨大的"气泡"里面。除了这些上千万的星系，宇宙的大部分地区看上去空旷得令人难以置信。而事实上，一个物体比超星系大，这就是宇宙本身。浩瀚的宇宙与最大的小行星之比就像小行星与被叫做夸克的最小的亚原子结构之比。

图 8

分解宇宙

天文学家是如何获得天文知识的？为什么他们知道恒星离我们多远，体积有多大，质量有多重呢？他们如何知道的呢？答案与研究者所使用的设备有重要的联系。但是，还有一个重要的线索就是天体的表现和互动（图9）。

图9

光度学

在天文学中，几乎每个人都能做到的最基本的行为就是观察一个物体的亮度随时间变化的过程。这种科学被称为光度学，字面含义就是"测量光"。比如测量一个在宇宙中旋转的小行星（图10），小行星都是由金属或岩石构成的不规则物体，比行星要小。一个纺锤状的小行星从侧面看要比从两端看更明亮，因为从侧面看

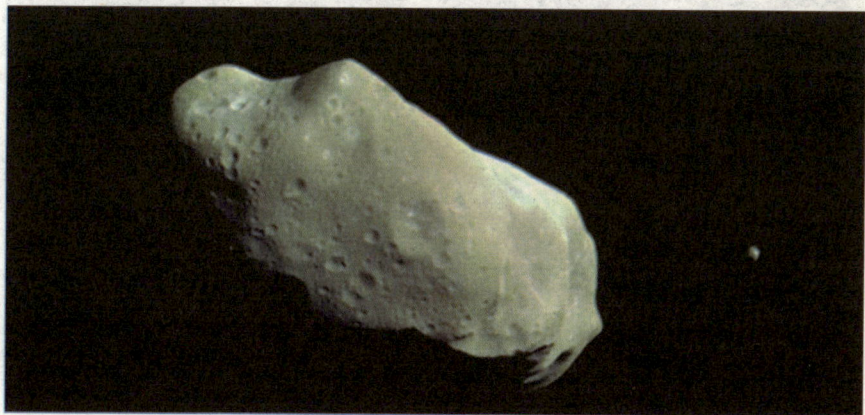

图10

的部分更多。因此观察一个小行星亮度的周期变化，天文学家就可以知道它的旋转速度，并了解它的形状。

现在想像一个在一定周期内亮度有微弱变化的天体。这可能表明在这个恒星周围有行星在旋转，因为当行星旋转通过恒星前方时，会使恒星亮度减弱。两颗恒星可能会互相旋转，或者一颗恒星表面会有一些斑点，当恒星自转时，它的亮度取决于在观察时的暗区有多少。

这些小的光度变化可以用于推断行星、恒星斑点和其他恒星的存在。

光谱学

光度学的用途十分广泛。其中一项很有用的技术就是光谱学。当光线在通过一系列狭小的裂口时，被分切成一个光谱。这个光谱由黑色的"光谱线"划分开。这些"线"的存在是因为形成光源的原子吸收了固定波长的光，形成了特定的色彩。一种元素所吸收的光有其固定的波段。比如，某段特定的光谱线（图11）仅表现在某恒星上含有氢，而另一段则表示其他元素的存在。光谱中不同位置分别反映不同的物质。这种方式可以使天文学家研究在他们所观察的物质中有什么气体存在。而且，每个原子光谱线的波段和强度是随其物理特性而变化的。所以，光谱学不仅能反映出

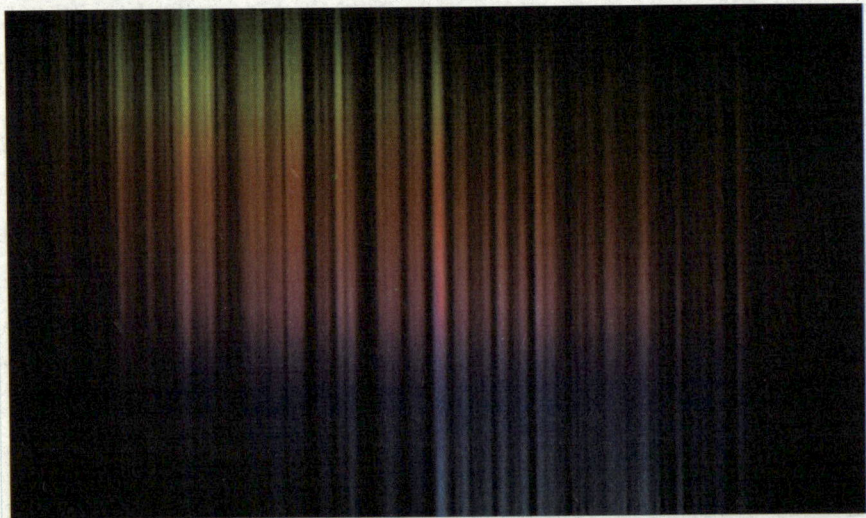

图 11

物质的构成，还能反映出其热度和密度。

多普勒效应

光谱学的另外一个功能就是揭示物体运动的速度。你可以想像一辆救火车拉响警报正向你驶来，此时，警报的声波由于声源的向前移动而被压缩。这时声波波长较短，声调较高。当救火车离你远去时，这些同样的声波被拉伸，所以波长较长，而声调较低，这就是多普勒效应（图12）。你所听到的声音的频率取决于救火车行驶的速度和方向，以及你所处的位置，这在天文学中非常重要，因为光波也有同样的现象发生。

图 12

当一个恒星向你移动时，其光波就会被压缩，所以它的光谱线会以比较高的频率出现，比它静止时稍发蓝一些，这种现象叫做蓝移。同样，如果恒星是离你远去的，则会出现红移现象。光谱线的波长可以使天文学家了解物体运动的方向和速度。

距离

如果天文学家知道一个恒星固有的亮度（即通常状况下的亮度）（图13），他们就可以估计出这个恒星的距离。这就像如果你知道车灯的亮度，

图 13

就可以通过观察其亮度变化来推断车的距离远近。

　　天文学家通常以一些已知的其固有的发光区及亮度可变的恒星作为标准，这些恒星叫做造父变星。这些恒星的亮度以几个小时为周期做明暗变化。其原理在于造父变星自身所发出的光越强，则其亮度周期也越长。所以用测光法所知的亮度周期可以使天文学家探索出恒星的大概亮度。这就如同利用汽车前灯亮度测量距离一样，只要知道一个恒星的实际亮度，就可以从它所表现出的亮度来测量出恒星的距离。

Part 2
古今宇宙观

在多元化的汉语中，"宇"代表上下四方，即所有的空间，"宙"代表古往今来，即所有的时间，"宇"：无限空间，"宙"：无限时间。所以"宇宙"这个词有"所有的时间和空间"的意思。把"宇宙"的概念与时间和空间联系在一起，体现了我国古代人民的独特智慧。

宇宙神话 ▶▶▶

　　天是什么？地是什么？古人以极大的好奇心和强烈的神秘感，仰望广袤深邃的天空，环视五彩缤纷的大地，想去探索宇宙的奥秘。然而，他们既没有卫星、宇宙飞船，也没有望远镜，他们只是凭着自己的眼睛和大脑在观察，在思考。

　　于是，古人创造了许多关于天地的神话，想去解释变幻莫测的自然现象。

　　在古代中国，流传着盘古开天辟地(图14)的神话：那时天地还没有形成，空中有一颗像鸡蛋一样的巨星，有一个名叫盘古的巨人，手持大斧头，把这颗巨星劈成两半，一半上升变成了天，另一半就变成了大地。

图14

　　古印度人认为世界的形状就是球面的一部分，高耸的塔尖是隆起的山峰，整个世界是由巨象的背支撑着，巨象站在巨龟的龟甲上，而巨龟又骑在蜷成一团的大蛇上。

　　古代埃及人认为太阳神阿波罗白天在他们头顶上空旅行，日落时乘船被抱入黑暗世界，在那里过夜。

古人眼中的宇宙 ▶ ▶ ▶

在古代，由于受到高山、大海的阻隔和交通工具的限制，人类只能在一个比较小的范围内活动。人们凭着自己的直觉，从自己所在的地方看出去，看到地是平的，天是圆的，于是出现了许多关于"天圆地方"的传说。虽然古代各民族的传说不一定相同，但"天圆地方"的宇宙观竟然不谋而合。

中国的"盖天说"认为，大地就像一个正方形的棋盘，而天就像一只倒扣着的碗或锅。

希腊人认为地球像一个漂浮在水上的平盘，天空是一个巨大的半球，日月星辰（图 15）都在半球中闪烁。

随着生产技术的发展，人类活动范围的扩大，知识的逐渐丰富，有

图 15

人注意到远望海上行驶的船，总是先看到船帆，然后才慢慢看到船体；又有人发现月食时地球在月亮上的影子是圆的。依据这些现象，他们推测地球可能是球形的，但还是有很多人怀疑这个结论。直到葡萄牙航海家麦哲伦进行了环绕地球一周的旅行，才令人信服，证实了地球是个球体。

宇宙的中心 ▶ ▶ ▶

　　托勒密是一位数学家和天文学家。在他看来，宇宙的中心是地球，地球的周围是一个更大的球——天球。天球的转轴通过地球的中心。星星固定在天球上，它们随着天球一起自东向西旋转，每24小时环绕地球转一圈。

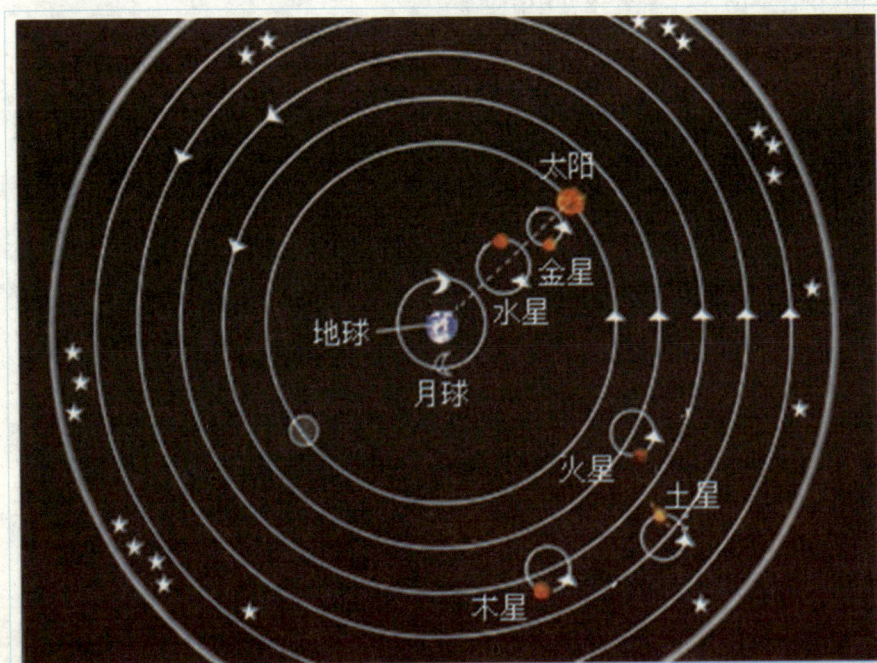

图16

这就是托勒密的地心说（图16）理论。托勒密的理论使古代的宇宙观念更加完善了。

但他在两个重大问题上是错误的：一是他认为地球是宇宙的中心；二是他认为地球静止不动，而所有的天体是绕地球旋转的。

托勒密的理论被中世纪欧洲的教会用来维持其统治，使这一错误在西方延续了1000多年。直到中世纪末期哥白尼的《天体运行论》（图17）一书出版，才宣告这一错误结束。

图 17

哥白尼是伟大的天文学家，他经过长期悉心的研究，创立了一个新的宇宙结构理论，即日心说。他认为巨大的天球实际上不可能每天转一周。这不是它的真实运动，而是它的视运动，这是一种假象，实际上是地球在自转，天球并没有动。他还指出，地球不是宇宙的中心，一切行星都绕太阳旋转。地球一面像陀螺一样自转，一面又和其他行星一样围绕太阳转动。

日心说把宇宙的中心从地球挪到太阳，现在看来似乎很简单，但在当时却是一项非凡的创举。因为在中世纪的欧洲，地心说一直占统治地位，而且被基督教会奉为神灵，不容亵渎，否则就要受到严厉制裁。许多人为了宣传、捍卫"日心说"而付出了血的代价。如布鲁诺为此被教会用火活活烧死；科学家伽利略也因支持、宣传"日心说"而被宗教法庭判处终身监禁。

哥白尼的日心说，很多人之所以会相信，至少还靠另外两位天文学家的功绩：一位是丹麦天文学家第谷，他通过对天文的细心观察，描绘出了太阳系的精确图像；另一位是第谷的学生开普勒。1629年，德国天文学家开普勒根据第谷的发现，进一步弄清了行星环绕太阳运行的轨迹，并不像哥白尼所说的是圆的，而是椭圆的。

现在，我们都知道，宇宙的中心既不是地球，也不是太阳。那么，宇宙的中心究竟在哪里呢？这有待于进一步探索。

Part 3
宇 宙 的 起 源

　　宇宙起源的问题有点像这个古老的问题：是先有鸡呢，还是先有蛋。换句话说，就是何物创生宇宙，又是何物创生该物呢？或者创生它的东西已经存在了无限久的时间，并不需要被创生。直到不久之前，科学家们还一直试图回避这样的问题，觉得它们与其说是属于科学，倒不如说是属于形而上学或宗教的问题。然而，人们在过去几年发现，科学定律甚至在宇宙的开端也是成立的。在那种情形下，宇宙可以是自足的，并由科学定律完全确定。

耶稣没有说谎 ▶▶▶

如果你问一位神父："宇宙是怎么产生的？"他会把《创世记》(图18)的故事告诉你，如果这位神父很博学，他还会告诉你，宇宙诞生的时间是公元前4004年。这个数目是17世纪时，邬谢尔主教把《旧约圣经》中人物的年龄加起来得到的。如果你再追问："上帝又是从哪儿来的？"神父就该责怪你了：这个问题怎么能问呢！主啊，原谅这个无知的孩子吧。

如果你还不甘心，跑去问著名的希腊哲学家亚里士多德，那可就真碰到钉子上了。像他这样的思想家，不喜欢"宇宙有个开端"的说法，因为这意味着对神意的干涉。他们只需要相信宇宙已经存在了很多年，并且将永远存在下去。把宇宙看做是某种不朽的东西，要比把它看做必须被创生的东西更加完美。

图18

因此这个问题，你只能问科学家。而他会让你首先思考两个重大的原则性问题：第一，宇宙是一个有某种规律的整体，还是一盘散沙，各种天体之间没有任何联系？第二，宇宙是永恒存在的，还是有起始的？

2001年，西罗德博士发表了自己的新作品——《科学神学：科学智慧和圣经智慧的汇合》。在这本书里，博士公布了自己研究科学和《圣经》关系的最新成果，对《圣经》的第一章——《创世记》，做了完全科学化的解释。

长久以来，人们一直认为《创世记》，只是一个神话故事，就像中国流传的"夸父追日"、"女娲补天"（图19）一样，都是古人虚构的。然而，西罗德博士经过25年的长期研究，发现《创世记》中的记载是真实的，它们都可以从科学资料中找到证据。

图 19

《创世记》的第一日是发生在157.5亿年前，"神创造天地，光暗分开了"相当于大爆炸创造宇宙，电子与原子结合产生光线，星河开始形成。

第二日发生在77.5亿年前，"神创造空气，称空气为天，有晚上有早晨"相当于：银河形成，太阳等主要星球形成。

第三日发生在37.5亿年前，"神聚水为海，称旱地为地。青草、菜蔬、果树出现"相当于：地球冷却，液体水出现，菌藻类生物形成。

第四日发生在17.5亿年前，"神创造光体普照大地，日月显现"相当于地球大气变透明，光合作用产生丰富氧气。

第五日发生在7.5亿年前，"神创造水中动物，空中飞鸟"相当于：水生动物及带翼昆虫出现。

第六日发生在2.5亿年前，"神创造飞禽走兽，神创造人"相当于：百分之九十的古生物灭迹后，各类动物布满大地，人类出现。

爆炸中诞生的婴儿

1948年，俄裔美国科学家伽莫夫，提出了宇宙大爆炸（图20）理论。该理论认为，宇宙诞生之前，没有时间，没有空间，也没有物质和能量。大约150亿年前，在这四大皆空的"无"中，一个体积无限小的点爆炸了。

图20

这个点就是"宇宙蛋"。

刚刚诞生的宇宙非常炽热而致密，随着宇宙的迅速膨胀，其温度迅速下降。最初的1秒钟过后，宇宙的温度降到约100亿度，这时的宇宙是由质子、中子和电子形成的，即锅基本粒子汤。随着这锅继续变冷，宇宙发生剧烈的核聚变反应，生成了各种元素。这些物质的微粒相互吸引、融合，形成越来越大的团块，并逐渐演化成星系、恒星和行星，在个别天体上还出现了生命现象。然后，能够认识宇宙的人类终于诞生了。

爆炸理论提出后一直寂寂无闻。直到20世纪50年代，人们才开始广泛注意这个理论，但也只是觉得它很好玩，并不信服。相比之下人们更愿意相信，宇宙是稳定的、永恒的。但当时的一些科学家反对这一理论，他们嘲笑伽莫夫说，"如果宇宙起始于某次大爆炸，这种爆炸理应留下某种遗迹，那就请把它找出来吧！"

与他们的恶意愿望相反，大爆炸的遗迹在1964年果真被找到了。这就是宇宙微波背景辐射，它像化石一样记录了宇宙产生时的情况。至此，"宇

图21

宙大爆炸模型"（图21）终于能够站起来说话了，它与DNA双螺旋模型、地球板块模型、夸克模型一起，被认为是20世纪科学中最重要的四个模型。

寻找蛛丝马迹 ▶▶▶

第二定律明确说明了宇宙是有终结的，也是有起始的。但如此重要的一个推论，却被19世纪的科学家忽略了。在他们眼里，第二定律只是描述热机工作原理的小不点。宇宙大爆炸模型的提出，实际上是基于20世纪初的天文观测。只是到后来，它才找到第二定律做它最有力的证人。

当一列火车以很快的速度，越驶越远时，它的汽笛声听起来会沉闷很多，因为声波相对于我们来说，频率变低、波长变长了，这就是所谓的"多普勒效应"。如果把声波换成光，也会产生类似的效果，此时发生的光学现象有个特殊的名字——"红移"（图22）。因为这种现象最早是由天文学家埃德温·哈勃发现的，所以又叫做"哈勃红移"。

20世纪20年代，埃德温·哈勃注意到，不同距离的星系发出的光，颜色上稍稍有些差别。远星系的光要比近星系红一些，这是因为它的波长要长一些。从光谱上看，远星系的光要比近星系的光更加靠近光谱的红端。如果隔一段时间再来看这个光谱，会发现远近星系的光线，都距离红端更近了。这说明，它们和我们的银河系正以很高的速度彼此飞离。为了确认这个发现，哈勃又对众多星系进行了光谱分析。结果证实，红移是一种普遍现象，也就是说，整个宇宙都在向外扩展，现在它的体积不断地膨胀。这一发现，奠定了现代宇宙学的基础。

图22

如果宇宙正在膨胀，那它过去必定比现在小。如果能把宇宙史这部影片倒过来放，我们势必会发现，在过去的某个时刻，所有的星辰都是聚合在一起的。但要准确推断这个时间还比较困难，科学家认为，大概是在100多亿年前。

图 23

另外，因为宇宙中存在着引力的缘故，宇宙膨胀的速度会随时间发生变化。我们知道，所有的物质与能量之间，都是相互吸引的。万有引力发挥着刹车的作用，阻止星系往外跑。随着宇宙间物质的增多、增大，它的膨胀速度会越来越慢。因此可以设想在诞生初期，宇宙的膨胀速度是超乎想像的。当宇宙的体积为零，而膨胀速度为无限大时，就发生了大爆炸（图23）。

大爆炸 的奥秘

美国东部时间 2001 年 6 月 30 日下午，在卡纳维拉尔角火箭发射场，德尔塔二型火箭成功地发射了微波各向异性探测器。美国航空航天局的科学家称，这个耗资 1.45 亿美元的无人驾驶探测器将经过月球，飞抵距离地球 160 万千米的预定轨道。它可以记录宇宙中小到百万分之一华氏度的温度波动，为宇宙形成于 140 亿年前的"大爆炸"理论寻找依据。当任务完成时，它将把宇宙演化过程中隐藏的某些惊人的秘密，精确揭开并展示在人们面前。

微波各向异性探测器（英文简称 MAP，意思恰好是"绘图"）将在 8 月初飞过月球，9 月飞到工作地点，开始执行为期两年的考察任务。在这段时间内，它将探测宇宙大爆炸遗留下来的痕迹——分布在整个天空的宇宙微波背景辐射。探测器的观测位置是精心选择的，靠近第二个拉格朗日点，大约在太阳——地球连线上地球外侧约 150 万千米处。这样可以确保在任何时候，MAP 上的望远镜都能自如地观测太空深处的情况。

宇宙微波背景辐射是宇宙中最古老的光。按照宇宙大爆炸理论，在爆炸后的最初几分钟里，宇宙是一个炽热的火球，到处充满温度高达几十亿度的光辐射。由于此时的宇宙处于热动平衡中，这种辐射具有独特的光谱特征，称为"黑体谱"。然而，当时的宇宙还很小，物质都被积压在一个很小的空间内。如此致密的物质就像笼子一样，禁锢了所有辐射。直到 30 万年后，随着这些物质密度的下降，微波背景辐射（图24）才得以挣脱束缚，逃脱出来。就像恐龙化石能让我们认识若干万年前的恐龙一样，这种"化石"光可以不受阻挡地穿越茫茫宇宙，让我们了解宇宙"婴儿时期"的种种信息。

图 24

微波背景辐射虽然被列为 20 世纪 60 年代的重大发现之一，科学家找到它却纯属巧合。贝尔实验室的两位科学家，彭齐亚斯和威尔逊，在测试一种新型的低噪声天线时，发现了一种奇怪的噪声信号。这种信号的强度不随时间改变，也无法消除。它具有各向同性，即以相同的强度，从空间各个方向射向地球。当时他们完全不清楚这种噪声是什么，不过还是把这项发现写成论文登了出去。后来事情的发展证明，他们的这个决定是非常明智的。一直苦于找不到微波背景辐射的天文学家，看到论文后如获至宝，这项伟大的发现也因此得到应有的待遇。

图 25

科学家推测，对宇宙微波背景辐射（图25）的深入了解，可能会解决一些困扰人类多年的问题，比如：大爆炸后的第一瞬间发生了什么？宇宙是如何演变的，我们今天所见到的，具有复杂结构的各个星系又是如何形成的？宇宙的年龄究竟是多少？宇宙的膨胀速度到底有多快？……

发射捕捉"化石"光的探测器，对美国航空航天局来说已经不是第一次了。早在1989年，经过15个春秋的研制，美国航空航天局发射了第一颗宇宙背景辐射探测卫星（简称COBE）。1992年，COBE发回了一条重要消息，并由此一夜成名。世界各大新闻媒体争相在头版头条报道了这个惊人发现：背景辐射虽然几乎是均匀分布的，但在天空中的上万个点中，却有一部分背景辐射的温度不一样。扣除地球运动的影响后，有的地方是2.7251K（K为绝对温度），有的地方却是2.7249K。为了突出这种微小变化的重要性，继"各向同性"的名字之后，科学家称它为"各向异性"。它表明：宇宙从一开始就有热点和冷点，也就是说，早期宇宙的物质，在密度上存在差别。

遗憾的是，COBE描绘出的只是一张草图。为了更好地弄清楚形成这种差别的原因，美国航空航天局在1996年开始研制MAP。与COBE相比，MAP有着十分显著的优点：COBE的飞行高度很低，普通的通信卫星都能俯视它；而MAP却在"高高在上"的轨道上飞行，这使它能够免受月球、地球和太阳的干扰。COBE进行搜索时，把天空分成6000块，每块像400个月球那样大；MAP则分得更细，它将观测多于300万块的区域，其中每

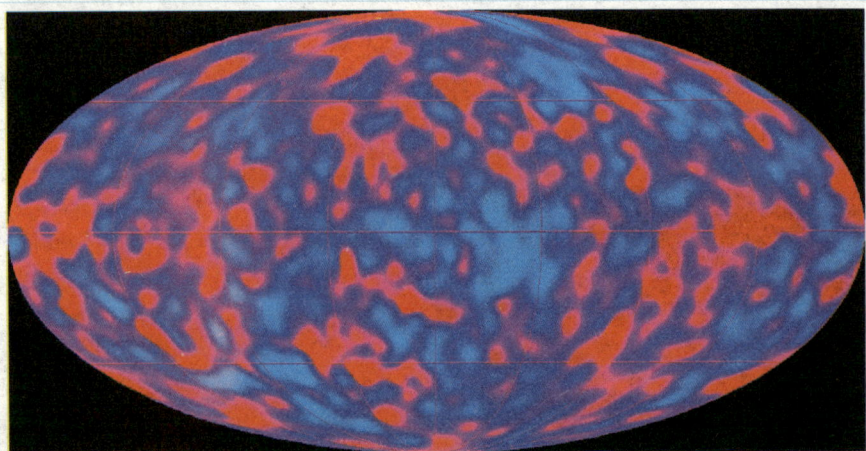

图26

个区域只有月球的1／4大。因此有科学家戏称：如果说COBE能看见上帝，MAP就能看见上帝的指纹。对于不同区域间的温度差，COBE的测量精度大概不到5万分之一度，而MAP（图26）的精度可达到100万分之一度。除此以外，MAP在其他很多方面的性能，也远远超过COBE。

　　"微波背景辐射的各向异性图谱，就像宇宙初生时的一幅快照，这不能不说是宇宙留给我们的一份珍贵遗产。"中科院研究生院的研究员章德海说，"微波背景辐射的奇妙之处在于，它居然把我们对宇宙的一种可供检验的认识，推进到了如此遥远和深邃，到了令人难以置信的程度。"因此，我们有足够的理由相信，微波各向异性探测器一定会带回更加有价值的资料。

相反的观点 ▶▶▶▶

　　"大爆炸"（图27）理论虽然获得了普遍认可，但并不就是真理。在它充分取证，说明自己的真理性之前，人们完全可以提出各种各样的假说……

经不起考验的理论

　　若干世纪以来，很多科学家认为宇宙除去一些细微部分外，基本没有什么变化。宇宙不需要一个开端或结束。即使在20世纪20年代后期，埃德温·哈勃发现红移现象，说明宇宙正在膨胀之后，这种想法也没有被放弃。

　　1948年，两位奥地利天文学家邦

图27

迪和戈尔德，提出了不同于"大爆炸"的新观点。他们承认宇宙在不断膨胀，但否定宇宙是由大爆炸形成的。经过英国天文学家霍伊尔的发展，这个思想的火花形成完整的理论普及开来，并开始了与"大爆炸"理论的长期争辩。

霍伊尔的基本观点是：在星系散开的过程中，星系之间又形成新的星系；形成新星系的物质是"无中生有"的，我们并不清楚它们来自何处。而且这些物质的运动速度非常缓慢，用现在的技术也无法测出。要经过极其漫长的时间，这些新星系才可能会改变宇宙的样子。因此宇宙自始至终基本上保持着同一状态。在过去无数个纪元中，它看上去就是现在这个样；在未来的无数个纪元中，它看上去还是现在这个样子，因此我们可以认为：宇宙既没有开始，也没有结束。

图 28

这种理论又被称为连续创生论，由此形成的是一个稳恒态的宇宙。在十多年的时间里，大爆炸（图28）和连续创生论的争论非常激烈，但没有实际的证据来决定哪一个对。

稳态理论对物质的创生速度要求很低，每100亿年中，在1立方米的体积内，只需要创生1个原子就够了。

稳态理论的优点之一，是它能够非常肯定地判断宇宙过去是什么样子，并且预言宇宙将来会是什么样子的。但也正因如此，一个观测事实就能把它打败，指责它满口胡言。

20世纪60年代中期，阿尔诺·彭齐亚斯和罗伯特·威尔逊发现了"宇宙微波背景辐射"。这给了稳态理论以致命打击。同时，大爆炸理论获得前所未有的支持。现在，大爆炸理论已经广泛地为人们所接受，留下稳态理论孤零零地躺在废纸堆中。

从"豌豆"中蹦出了宇宙

"大爆炸"（图29）理论的一个不足之处，是它没有说明大爆炸之前的宇宙是什么样的，也没有论证未来的宇宙会如何发展。这虽然留给科学

家假想的空间，但也造成了混乱，天
文学界众说纷纭，莫衷一是。

一股刮遍全球的宇宙物理学狂风，
让我们认识了英国著名的理论物理学
家——斯蒂芬·霍金。最近，他和他
的合作者提出了"宇宙有始而无终"
的假设，这是目前对宇宙的起源和归
宿问题，做出的最新解释。

图 29

1999 年，英国的《星期日泰晤士报》最先向世人介绍了这个假说。霍
金和英国剑桥大学的数学物理教授图罗克，最新提出的"开放暴胀"理论
认为：宇宙最初的模样，像一个豌豆大小的物体。这颗小豌豆悬浮于一片
没有时间的真空中，它的存在时间与"大爆炸"只相隔一个极短的瞬间。

在"大爆炸"前的瞬间内，"豌豆"状的宇宙经历了极其快速的膨胀
过程，这在现代宇宙学上称为"暴胀"。与其他天文学家不同的是，霍金
和图罗克提出了"开放暴胀"理论。也就是说，宇宙从"豌豆"中诞生后，
会无限制地膨胀下去，而不是膨胀到一定程度后，会在引力作用下收缩。
这就是所谓的"有始而无终"的宇宙了。

这种"怪论"自然在科学界引起了不同的反应。"暴胀"理论的权威之一、
俄罗斯物理学家林德，对霍金和他的合作者提出了批评。林德称：宇宙自
始至终存在，试图发现一个起点和所谓的终点是没有意义的。

相比之下，英国的一些著名天文学家，则小心翼翼地表达了自己的观
点。他们指出：霍金的新理论完全合乎物理学定律的要求，是严格的纯理
论推算的结果。但它是否揭示了宇宙
的本质，还有待于实际观测的考验。

图 30

美国已经成功发射了微波各向
异性探测器，来测量宇宙大爆炸（图
30）遗留的微波背景辐射，这很可能
为霍金的理论提供可靠的检验。

冬眠的宇宙

2001 年 4 月，在巴尔的摩天文科学院召开了一次宇宙论坛会议，会议中科学家提出了一种关于宇宙起源的新理论。

研究者们认为，我们的宇宙曾经沉睡不醒，就像冬眠了一样，处于冷冻状态，没有任何奇特的地方。但是在 150 亿年前，它突然得到了一个唤醒信号，从而苏醒了。这听起来不像是一个科学假设，倒更像《格林童话》（图 31）中的一个故事。因此，为了让这个假说显得有根有据，研究者们做了一个模型，来说明这个宇宙的最初形态和变化过程。

图 31

与我们非常熟悉的三维空间不同的是，这一模型营造了一个五维的环境。为了理解五维，我们需要先在脑子里想像一个三维空间。最简单地说，它可以是一个具有长、宽、高的立体坐标系。然后我们把三条坐标轴两两组合，可以再画出两个立体坐标系来。这样原来的三维空间就变成五维的了。可以想像，这时候的宇宙将更加深邃，更加复杂。

我们所处的宇宙在这个五维坐标系中，看上去就像是一张薄膜。在它外面，充满了神秘的未知世界。150 亿年前，另外一个发展程度和我们差不多的宇宙，从另一个坐标系，沿着一个暗藏的维向移动过来，然后滑入了我们的宇宙。

这个宇宙的进入，引起了强烈的摩擦，这促使我们的宇宙加热并且解冻，产生了大量基本粒子，同时也产生了微波涟漪。微波变化的程度就像海浪拍打海岸一样，结果造成了温度和密度的轻微波动，最终使基本粒子形成星体和巨大的星系。

研究人员的发言刚刚结束，就引起了从未有过的争论。这简直就像是一部科幻小说，而且也不太成熟。但也有人肯定它的价值，毕竟这还是有史以来第一次，向大家公认的大爆炸模型提出了严峻的挑战。

宇宙蛋的破裂 ▶▶▶

根据推断，宇宙（图32）的形成距今约100亿～200亿年。在如此漫长的时间里，宇宙都发生了哪些有趣的事情呢？对这个问题，科学家也表现出浓厚的兴趣。他们认为，宇宙发展到今天，大致经过了以下几个阶段。

最初三分钟

知道了宇宙背景辐射现在的温度，就很容易推算出：在宇宙诞生后约1秒钟的时间内，各处的温度约为100亿度。在如此高的温度下，不仅我们熟悉的各种物质无法存在，连原子核也会被撕得粉碎。宇宙只能是一锅由质子、中子和电子等构成的基本粒子汤。随着这锅汤变冷，一场肆虐的原

图32

始宇宙风暴开始了，这就是核反应。基本粒子之间发生猛烈撞击，中子和质子（图33）很容易地聚合在一起，产生由两个质子、两个中子组成的氦核。据计算，激烈的反应持续了大约三分钟，直至所有的中子消耗殆尽。反应形成的氦，约占宇宙物质总质量的四分之一。其余约四分之三的物质，

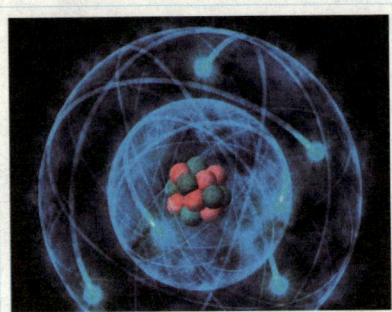

图 33

是没有与中子结合的单个质子构成的氢原子核。虽然这些只是大爆炸模型的预言，但却与天文测量的结果极为符合，看来大爆炸模型还是很有科学依据的。

最初三分钟里产生的氢与氦，构成了宇宙中 99% 以上的物质。而形成行星和生命所必需的元素，虽然种类丰富多彩，却还不到宇宙总质量的 1%，并且其中大部分是后来在恒星内部形成的。

宇宙 长到了 1000 万岁

接下来的一万年是辐射为主的时代。在这段时间里，宇宙渐渐冷却下来，并且不断膨胀，大规模的核合成过程再也不可能发生。宇宙中充满了极强烈的高能辐射，炽热惊人。最早形成的物质，氢原子核和氦原子核，均匀分布在整个太空。它们之间的引力微弱，远不足以克服巨大的扩散压力和辐射压，也就不可能凝聚成团。宇宙光滑得就像一片宁静的海洋（图34），但它的单调又与多姿多彩的海洋很不一样。这时的宇宙里，真的是一无所有。

图 34

一眨眼，30 万年过去了。宇宙的温度第一次下降到可以让整个原子，特别是氢原子，得以形成并保持下来的程度。在此之前，由于温度太高了，即使有电子与原子核结合在一起，也会很快被撞开。这种结合对于大分子物质的形成，有决定性的意义，因此这个年龄阶段的宇宙，有一个真正意义上的学名——"复合时期"。

当宇宙长到1000万年的时候，高能辐射冷却，变成了微波背景辐射。氢核和氦核形成了各自的原子。它们之间的引力也终于战胜了扩散压力和辐射压。越来越多的原子汇集起来，渐渐形成了一个个物质密度较大的地区。宇宙中开始出现并充满气体和尘埃等星际物质。还是由于引力的作用，这些地区继续向中心收缩，原始星云就这样形成了。

由此开始，我们熟悉的天体，像恒星和星系等开始形成。

同所有事物一样，我们现在看到的恒星最开始时并不是这个模样，它们都经历了一个产生和发展的过程。

一些距离较近的气体和尘埃，在万有引力的作用下开始收缩，凝聚成气尘云，也就是原始星云。气尘云不断地吸引更多的物质，并继续向中心收缩。这使得它的密度越来越大，温度也越来越高。当密度和温度达到一定程度，足以发生热核反应时，气尘云的主要成分——氢原子开始聚变，（图35）发出大量的光和热，成为明亮可见的恒星。

图 35

这个过程反复地进行着，整个星云最终会演化成无数颗恒星组成的星系。宇宙中最初形成星系的时间，大约是大爆炸后的第十亿个年头。通过哈勃太空望远镜可以发现，在我们的银河系以外的遥远空间里，其他的星系正在形成。也就是说，几十亿年前银河系形成的情形，正在宇宙的另一些地方重复上演。

也许你不会相信，目前用天文望远镜观测到的星系总数，已经需要用10亿为单位来计算，银河系只是其中的普通一员。这些星系都是庞大的恒星集团，且距离我们极其遥远，科学家把它们统一称为"宇宙岛"。

第三章 宇宙的起源

宇宙演化的副产品 ▶▶▶

生命是宇宙物质演化的最高级形式。但由于至今为止，人类还没有在宇宙的其他地方，找到生命存在的证据，所以也有人认为：生命只是宇宙演化的副产品，是微不足道的偶然现象。如同由于种种机缘巧合，我们或许能摸到一个大奖，但这样的成功率太低了。地球也是一个例外中的例外，由于发生了种种时间和空间的巧合，才中了头彩，孕育了生命。

其实，不但像地球这样适合生命形成与演化的地方，在太空中是很少有的，像太阳这样无条件给予帮助的恒星，也并不多见。

首先，太阳是恒星中少有的单星。所谓单星，是与双星相对来说的。与双星彼此互相影响不同，单星不会受到其他恒星的干扰。因此在太阳外围，有稳定的生态圈存在。其次，太阳属于比较成熟的第二星族，围绕在它周围的行星，从一开始形成就能获得生命所必需的碳、氧等元素。另外，太阳的质量适宜，这使它有足够的存在时间，为生命的形成和进化供给能量。

然而，仅有良好的外部环境，还不能满足形成生命的条件。在太阳系中，只有地球上有生物，主要归功于地球本身是一个特殊的行星。它的轨道全部在太阳的生态圈内，它大小适宜，因此它的引力能保留住水和大气；地球的大气层（图36）厚薄适当，既阻挡了大多数紫外线，又不至于遮住过多的阳光；地球还有较强的磁场，使生命免遭宇宙带电粒子的致命轰击……总之，地球在许多方面拥有得天独厚的生命存在条件，从而成为宇宙中少有的生命家园。

图36

我们目前所知的生命仅限于地球生命，而科学家对地外生命和文明的乐观估计是：仅银河系就可能有 6 亿个行星有生命存在，其中拥有技术和文明的行星也多达 100 万个！

婴儿宇宙 ▶ ▶ ▶

20 世纪 80 年代初，在"大爆炸"理论的基础上，发展出了目前最流行的"暴胀宇宙模型"（图 37）。这个模型认为，在大爆炸后不到 1 秒的时间里，宇宙膨胀了大约 10 ~ 30 倍，大约和橘子一般大小。这就是宇宙

图 37

暴胀的阶段。

此后，宇宙开始以较稳定的速率膨胀，早期就已存在的物质"疙瘩"，逐步形成了星系、恒星以及生命，大约150亿年以后，成为目前的样子。

这个模型能够成立的关键，是暴胀期的长短。只要暴胀期稍微短一点，在物质充分散开之前，原生宇宙可能就已经坍缩，重新回到起点；如果暴胀期长了，原生宇宙的物质又会过于分散，形不成星系和恒星，自然也就不会出现生命和人类。

而地球和生命已经存在了很长时间。这样科学家就会思考：宇宙怎么能计算得如此精确，使暴胀时间不短也不长。

如果完全遵循现行的物理学基本定律，大爆炸产生的宇宙，其"自然尺寸"应该只有亚原子大小，这样的宇宙将是短命的。为了解决这个难题，苏联科学家林德，提出了"自我增殖的宇宙"概念，他说："最有可能的是，我们正在研究的宇宙，是由早期的若干宇宙所形成的。"

1987年，霍金进一步提出了"婴儿宇宙"模型。在这个模型里，两个宇宙通过一个细"管子"连接起来，这个细管子称为"虫洞"。较大的宇宙为母宇宙，它可能产生分岔，从这个岔口延伸出去的，是一个物质可以自由通往的虫洞。而虫洞的那一端，就是子宇宙或婴儿宇宙。这说明，在我们生存的宇宙之外，还可能存在着众多的、由虫洞连接起来的其他宇宙。

自然选择 ▶▶▶▶

1992年，科学家萨莫林在前人基础上提出了"宇宙自然选择学说"。

在霍金的"婴儿宇宙"（图38）模型中，母子宇宙是同时存在的。萨莫林的学说则与此有很大的不同。在这个学说中，母宇宙的空间是闭合的，

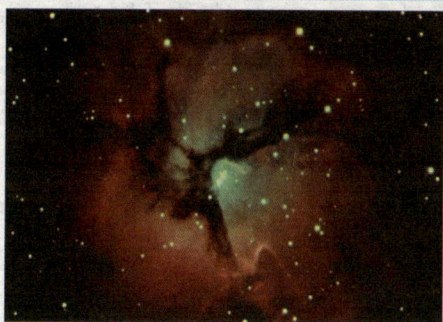

图 38

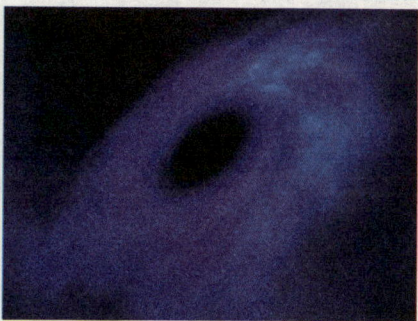

图 39

犹如一个黑洞（图 39）。生存了一段时间后，母宇宙会坍缩为一个奇环。此后，奇环又会反弹，爆炸膨胀为新的下一代宇宙。

这个学说最吸引人的地方，是从母宇宙而来的子宇宙，会发生或强或弱的随机变异，就像我们和父母相比，已经发生了基因的重组一样。这个新生的子宇宙慢慢长大，并成为另一个母宇宙，到这时为止，它和妈妈并没有什么明显的不同。但当它快要坍缩成奇环时，随机变异的影响就显露出来了。

变异有可能导致小小的暴胀，"怀孕"的子宇宙的"肚皮"，会变得比自己的妈妈大。当它的体积暴胀到足够大时，就分隔为两个或更多的不同区域，每个区域都坍缩为一个新的奇环，新奇环又触发下一代的子宇宙。如此代代相传，新生的小宇宙数量越来越多。

但并不是所有的小宇宙都会在坍缩后，通过分裂来生养下一代。有的小宇宙能更有效的产生许多黑洞，从而留下更多的后代。慢慢地，这种具有较强生殖能力的宇宙，会淘汰其他宇宙而保留下来。借用生物进化论的术语，它们是顺利通过"自然选择"的一种高级基因。

这个学说的另一要点与恒星相关。萨莫林认为，恒星很可能是很多黑洞的前身。而在今天的气体和尘埃云中，仍然有恒星形成，它们会形成新的黑洞。之所以有这种转变，是因为恒星具有碳尘埃粒子。在这种粒子的表面进行的化学反应，会使气体冷却并促使气云坍缩。但碳尘埃粒子是从哪里来的呢？

萨莫林指出，只有当质子的质量稍大于中子的质量时，核聚变反应才

035

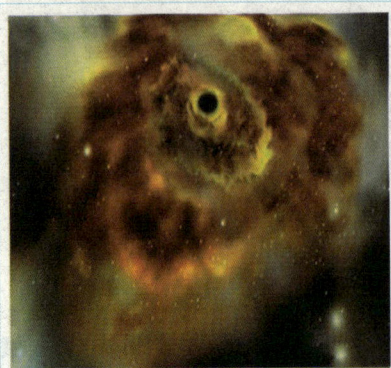

图 40

会产生碳元素。如果质子比中子大得太多，超过了氦核的结合能力，那么质子和中子就不可能粘在一起形成氦核。没有了氦核，聚变反应链在第一阶段便终止了。比氦更重的碳元素也根本不可能形成。这样一来，恒星将少得多，黑洞（图 40）的数量也会随之减少。因此在任何一个宇宙中，如果质子与中子的质量相差较大，就只能产生很少的宇宙后代，"自然选择"学说也就没有用武之地了。

Part 4
宇宙的过去

　　宇宙是由空间、时间、物质和能量构成的庞大的自然天体。是一切空间和时间的综合。一般理解的宇宙指我们所存在的一个时空连续系统，包括其间的所有物质、能量和事件。科学家认为宇宙是在大约150亿年前的一次大爆炸中形成的。而我们所生活的太阳系大约是在46亿年前由尘埃云和气体云经过一个漫长的自然过程形成的。在宇宙诞生之后的很长一段时间内，大爆炸所散发的物质在太空中漂游。宇宙中所存在的冷暗物质和热暗物质、星云和星体都是由这些物质形成的。

氢、氦原子聚集形成原始气体云 ▶▶▶

不管我们是不是接受宇宙产生于一次"大爆炸"这样一种观点，但是我们应该可以接受，宇宙在一开始物质的分布确实是均匀和各向同性的这样一种假定，后者也是稳恒态宇宙学说所承认的。那么现在就又有了一个问题，当初均匀弥漫在宇宙中的氢、氦气体,怎样会聚集起来,形成了恒星、星系、星系团（图41）以及更大尺度的宇宙结构，使得宇宙变成今天这样丰富多彩，甚至产生了我们人类这样的智慧生物？

图 41

这个问题其实比有没有过"大爆炸"这个问题来得现实，因此也更重要得多。它就是物质为主时代宇宙的演化问题，是通过观测和理论的结合应该可以解决的问题。

天文学家认为，早期宇宙中的物质分布就已经存在微小的密度起伏。这种密度起伏在那时完全不显眼，几乎无法观测出来。可是，绝对的均匀是不存在的，再均匀，总还有微小的差别。按照暴胀学说，在宇宙暴胀的过程中，这种微小的不均匀性就已经产生了。

现在我们不去管早期宇宙中的微小密度起伏是怎样来的。科学家们用电子计算机模拟，已经发现在一定的条件下，由于万有引力的作用，这种密度起伏会得到发展，起伏变得越来越大，相应地氢、氦气体的分布也就变得越来越不均匀，某些区域的密度增大，另一些区域密度减小，而且高密度区域的尺度也会变得越来越大。我们把这种由氢、氦原子组成的高密度区域称为原始气体云。

原始气体云的质量 ▶▶▶

在观测宇宙学家眼中，宇宙的历史是从大爆炸后（如果真有大爆炸的话）30万年开始的。宇宙退耦之后，因为只有在这时，我们才有可能观测到宇宙中物质的演化。退耦前的宇宙对于我们来说只是一片光，这片光经过一百几十亿年的红移，就成了今天我们观测到的宇宙微波背景辐射。用宇宙背景探测卫星观测到的这种辐射，尽管总的来说非常均匀，但是仔细分析可以发现，在这种背景上，确实已经存在很微小的不均匀性。

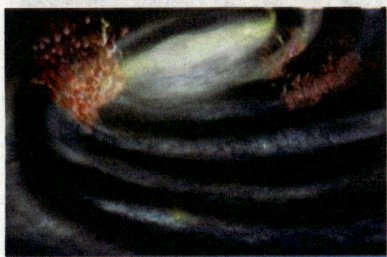

图42

这种不均匀性要发展形成星系、星系团，还有很长的路要走。英国天文学家金斯研究了一个气体云（图42）的质量与它的温度和密度的关系，我们在讲恒星的形成时已经讲过这个问题。金斯提出了一个判断，它对于早期宇宙中的原始气体云同样适用。但是这里面也有一个不同的问题，那就是暗物质的问题。在恒星形成中，暗物质不起什么作用，可是在星系或星系团的形成中，情况就不一样了。暗物质占了星系和星系团质量的绝大部分，尽管我们还不能明确地说这些暗物质究竟是些什么物质，可是它们不会不对星系或星系团的形成起重要作用。

根据可能属于暗物质的物质的性质，可以把暗物质分成两大类：热暗物质和冷暗物质。热暗物质的粒子质量很小，运动速度接近光速。冷暗物质的粒子质量大，运动速度相对来说比较慢。这两类暗物质对宇宙结构的形成作用是不一样的，因此星系形成模型也就有热暗物质模型和冷暗物质模型之分。

薄饼状星系团的热暗物质模型 ▶▶▶

热暗物质模型（图43）是较早出现的星系形成模型。这种模型认为形成星系、星系团的结构在退耦时期以前已经形成，但是其中的热暗物质也会对小的密度起伏起阻尼作用，将它们抹平，因此最小的密度起伏的尺度即阻尼质量为 10^{15}（1000万亿）倍太阳质量，恰好是星系团的质量。据此，热暗物质模型认为，宇宙中最先形成的应该是星系团。

图43

1970年，苏联物理学家泽尔多维奇指出，这样形成的星系团应该具有薄饼的形状。宇宙退耦以后，原始气体云内的压强主要不再由辐射产生，而是由组成气体云的原子的热运动产生。在这种情况下，金斯质量骤然下跌，原始气体云就在引力作用下收缩。原始气体云一般不会恰好是球形，总是有的方向尺度大一些，有的方向尺度小一些。因此，原始气体云的坍缩在各个方向不是均匀的，在尺度最短的方向坍缩最快，这样就成了薄饼的形状。

在坍缩过程中，金斯质量随着密度增大进一步减小，使得薄饼发生分裂。分裂后形成的云团称为原星系云，然后就由原星系云进一步坍缩形成星系。

20 世纪 80 年代初宇宙中直径达上亿光年的巨壁和巨洞的发现，使得热暗物质模型受到了进一步支持。这些巨壁被认为就是由薄饼状的星系团组成的。

由小到大等级成团的冷暗物质模型

▶ ▶ ▶

宇宙结构由小到大形成，这种想法出现得比热暗物质（图 44）模型早，当时还不知道宇宙中有那么多暗物质。

图 44

在冷暗物质模型中，冷暗物质的阻尼质量已经小得可以忽略不计，因此，一旦退耦，光子失去了作用，就没有了阻尼质量的限制，起作用的就剩下了金斯质量。计算表明，这个时候的金斯质量是 10^5（10 万）倍太阳质量左右。这是球状星团的质量范围。

这就是说，情况又倒了过来，宇宙中最先形成的结构，是球状星团，然后由球状星团（图 45）和从球状星团中逃逸出来的恒星在万有引力作用下吸引在一起形成星系，再由星系互相吸引起来组成星系团。

这样，球状星团中恒星年龄与星系形成时间的矛盾就不存在了。按照这种模型，星系是在球状星团开始形成之后很快就形成的，即球状星团一面在形成，星系的坍缩可能也已经开始，因此球状星团与星系两者年龄几乎是相同的。

如果没有暗物质存在，很难说明这样形成的宇宙结构怎么会出现巨壁和巨洞这样的大尺度结构。在加入了冷暗物质以后，计算机模拟得出的星系分布图，基本上可以与20世纪80年代的观测结果有所接近。

在20世纪90年代初，天文学家取得了更大天区范围内星系的分布图，结果发现与冷暗物质模型模拟的结果有明显差别。

一种最容易想到的办法是把冷暗物质与热暗物质按适当的比例混合在一起，这样就既可以生成小尺度结构，

图 45

又能够形成大尺度结构。可是这种办法取得的效果还是不很理想。

另一个办法是引进宇宙学常数（Λ），结果表明，这样计算出来的宇宙结构，有可能是薄饼状的，并且可以形成巨壁和巨洞。

星系不同形态的形成与演变

现在我们来考虑，一旦星系从一个原始气体云团中开始形成，它又是怎样演变的。

这里首先碰到的一个问题，即怎样看待星系形态的差别，也就是这些形态方面的差别，究竟说明了什么问题。

最初，天文学家曾经认为这种形态变化反映了星系的历史演变。一部分天文学家认为，星系刚形成的时候，是椭圆星系；然后因为自转而越转越扁，扁平的部分形成旋臂，变成旋涡星系，最后旋臂散开、消失，变成不规则星系。但是，另一部分天文学家不同意这种观点，他们认为恰恰相反，星系刚形成的时候，是不规则的；由于旋转，后来形成旋臂，变成旋涡星系；旋臂越旋越紧，最后消失，成为椭圆星系。

这两种根本对立的观点关键的差别，在于旋涡星系旋臂究竟是在旋松还是旋紧。可是事实上，旋涡星系（图46）的旋臂相当稳定，长期以来，观测不能得出它们的旋臂在旋松还是旋紧的任何结论来。后来，天文学家倾向于椭圆星系、（图47）旋涡星系、不规则星系形态上的差别，不是演化的结果，而是在形成时就具有的。

图46

在20世纪60年代，美国天文学家桑德奇等提出的星系形成和演化学

图47

说认为，在一些整体上气体密度高，或内部运动剧烈的原始气体云团中，恒星形成从一开始就非常快，气体很快就用完了，形成的就是椭圆星系；相反，在一些整体上气体密度较低，或内部运动不十分剧烈的原始气体云团中，原始气体快速坍缩，在中心形成核球。恒星首先在气体密度高的核球内形成，而其余气体密度低的部分，恒星形成慢，未形成恒星的气体逐渐下沉，变成盘状，然后在盘内形成恒星，最终成为一个旋涡星系。至于不规则星系，他们认为，这类星系原始气体云团密度很低，其中绝大部分气体未演变成恒星。

桑德奇等提出的星系形成过程的模型，称为单一坍缩模型。根据这样的模型，星系形成于一次简单的坍缩过程，因此，星系中的恒星，特别是与星系形成同时形成的球状星团，都应该是在同一过程中形成的，在观测到的一些特性方面应该有同一性或单一变化规律。可是实际的观测结果却复杂得多。

星系形成的复杂化

1978 年，美国天文学家西尔勒（Leonard Searle）和金恩（Robert Zinn）提出了星系形成的吸积模型。他们认为，银河系（以及与银河系类似的旋涡星系）是由不止一个原始气体云碎块坍缩形成的。这些碎块各自开始坍缩，形成恒星和球状星团，中心的一个碎块最大，形成了核球和核球附近的内晕。其他的碎块，质量较小，形成了银河系的各个伴星系。那时候银河系的伴星系数量比现在多得多，它们受到银河系引力的作用，后来大多数被银河系吸引了进来，成为银河系的一部分。这些被吸积进来的成分，主要分布在银河系的外围，形成了围绕银河系的外晕。

对于这种吸积模型的最有力的支持，就是直到现在，有些银河系的伴星系还在受到银河系的吸积，正在融合为银河系的一部分。更直接的证据是 1994 年英国天文学家伊巴塔等发现的人马矮星系。他们清楚地看到了这个矮星系（图 48）正在被银河系瓦解、吞并。

对于冷暗物质模型，椭圆星系的形成曾经是个难题。因为没有热暗物质的支撑，星系形成的时候，随着气体云的坍缩，就会越转越快。这就好像我们看芭蕾舞演员演出，她起先伸开双臂转圈，然后突然把双臂收拢，我们就能看到她一下子就飞快地旋转了起来。在物理学中，这叫做角动量守恒。

图 48

一个气体云，它里面的气团原来可以有各种不同的运动方向，沿各个不同方向运动的气团角动量不一样，在坍缩中，不同方向的角动量会互相抵消，但只要一开始总的角动量不等于零（一般不会那么巧，恰好等于零），最后总的角动量不会消失。于是随着半径的减小，由于角动量的守恒，星系就会转得很快，伸展出一个扁平的盘来，成为旋涡星系。

星系的碰撞（图49）、吞并，为椭圆星系的形成找到了一条出路。1977年，美国天文学家阿拉·托姆勒（Alar Toomre）和朱利·托姆勒（Juri Tbomre）通过计算证明，两个旋涡星系碰撞能够合并形成一个椭圆星系。

图49

1977年，阿拉·托姆勒认证出11个星系是由两个旋涡星系合并而成，后来对这些星系的详细研究表明它们都具有椭圆星系的特征。1992年，美国天文学家阿什曼（Keith Ashrnan）和泽普夫（Stephen Zepf）据此提出了椭圆星系由旋涡星系合并形成的模型。

但是，事实上，并不是所有的椭圆星系都能很好地用两个旋涡星系碰撞后合并来解释它们的形成。有一些椭圆星系，它们的质量比旋涡星系小很多，显然不是旋涡星系合并形成的。还有一些椭圆星系，质量远远超过旋涡星系许多倍，也就是说，按照它们的质量，需要有很多次大的碰撞、合并，才能形成这样的椭圆星系。但是在对这类椭圆星系的观测中几乎找不到有过多次大合并的迹象。因此，如何更好地解决椭圆星系的形成问题，还有待进一步研究。

扑朔迷离的球状星团

　　球状星团是一类非常年老的天体，至少与星系是差不多时间形成的。因此，球状星团研究也许可以为星系的形成提供重要的线索，近二十多年来一直是天文学研究中的一个热点。

　　可是，直到目前，球状星团的研究结果，呈现出一种纷繁杂乱的情况，并没有能得出一条明确的线索，真是"剪不断，理还乱"。

　　球状星团（图50）的形成模型，现已提出的究竟有多少种，没有一个准确的统计，但至少在10种以上，甚至有可能超过20种。这许多模型，可以分为三大类：第一类是根据冷暗物质模型，认为球状星团是宇宙中最先形成的天体，形成于星系之前；第二类认为球状星团与星系同时形成；第三类认为形成于星系之后。

　　认为球状星团形成于星系形成之后，甚至现在还有球状星团形成，这主要是在一些正在发生碰撞、合并的

图50

星系以及其他某些有剧烈恒星形成活动的星系中。观测表明，在这些星系中，有大量年轻星团，按照它们的质量，应该是球状星团。但是，绝大多数星系的球状星团年龄都非常老，因此不会是按照第三类形成模型形成的。

　　对于第一类模型和部分第二类模型，需要解决的一个重要问题是球状

星团内恒星元素的含量。元素只能在大质量恒星内部形成，在超新星爆发（图51）的时候抛射出来，进入星际气体，并成为下一代恒星形成所使用的原料中的成分。因此，如果球状星团早于星系形成，或者某个星系形成过程中首先形成，那么球状星团就必须有一个"自增丰"（即从星团内部使元素含量增加）的过程。这种自增丰过程过去一直遭到强烈反对，因为许多人认为星团内部超新星爆发，会使形成球状星团的原始气体云团瓦解，从而不可能进一步形成球状星团。

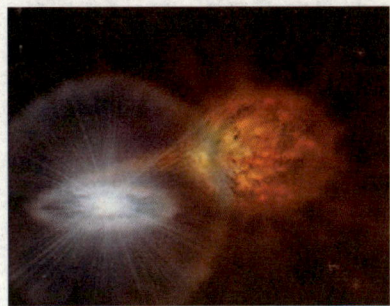

图51

1999年，比利时天文学家帕尔芒蒂埃(G.Parmentier)等通过计算，证明第一代恒星超新星爆发产生的能量，不一定足以把正在形成中的球状星团摧毁。只要第二代形成的球状星团总质量足够大，它们会在万有引力作用下聚拢起来，最终形成一个球状星团。当然也有大量的被摧毁了，分散开来的恒星就成了星系云中大量的孤立的恒星。

旋涡星系旋臂形成的不同理论

在星系形成的问题中，还有一个与旋涡星系有关的问题，那就是美丽的旋臂是怎样产生的？

现在对于旋涡星系中旋臂的形成，有两种不同的理论。

一种是密度波理论。这种理论最早由瑞典天文学家林德布拉德(Benil Lindblad)在1942年提出。1964年以后，华裔美国学者林家翘等用数学方法对这个理论作了发展，并且取得了一些与观测相符合的结果。这种理论认为，旋臂是星系（图52）中恒星空间密度和星系自转速度存在波动的表现。

我们以公路上的汽车作比喻。如果公路上有辆载货卡车，开得比较慢，后面的小汽车受阻，但仍然不断有小汽车绕过卡车之后高速前进。于是我们看到，卡车后小汽车密集，卡车前小汽车稀疏，形成了密度的波动。尽管密集和稀疏的地方小汽车不断在更换，但随着卡车缓慢移动的疏密图案却持久地保持着。

图52

当然，在星系中，造成疏密图案的不是卡车，而是星系盘（图53）的引力场的波动，这种波动呈旋涡状。在引力场比较弱的地方，恒星和气体云绕银河系中心转动的速度减慢，于是就密集起来，形成了旋臂；而在引力场比较强的地方，恒星和气体云绕银河系中心转动的速度加快，于是就稀疏起来。

密度波理论其实还只是对旋臂形成现象的一种描述，没有解决旋臂产生的根本机制问题，即引力场的旋涡状波动是如何产生的。

另一种理论是自传播理论。这种理论认为旋涡星系刚形成时没有旋臂，恒星在各处的气体云中形成，但星系转动时，里面转得快，外面转得慢，于是气体云就会拉长，呈漩涡状。这种理论与地球上热带风暴云团中旋涡结构的形成有某些相似。用计算机模拟这样的旋臂形成过程也已经取得了一定程度的成功。

图53

很可能，实际的旋臂形成，上述两种理论都起着一定的作用。另外，是否还有其他的旋臂形成机制，也是一个值得考虑的问题。例如，我们讲过，在早期宇宙中星系的相互作用非常普遍，这种相互作用会不会在旋臂的形成中起某种作用，甚至重要的作用呢？

Part 5
宇宙的诞生

　　宇宙大爆炸是一种学说，是根据天文观测研究后得到的一种设想。　大约在150亿年前，宇宙所有的物质都高度密集在一点，有着极高的温度，因而发生了巨大的爆炸。大爆炸以后，物质开始向外大膨胀，就形成了今天我们看到的宇宙。

星系的诞生 ▶▶▶

散落在宇宙中的餐盘状的星系（图 54）实际上是很多恒星因引力作用聚合而成的。有的星系呈碟状，有些呈椭圆形，还有一些则根本是不规则形的。最小的星系也包含有约 100 万颗恒星，而最大的则是这个数字的 100 万倍。并且，宇宙中存在的星系数量或许比银河系中存在的恒星还要多。这些星系究竟是如何产生的呢？是在恒星形成前由尘云构成的吗？或者先是产生了恒星吗？这些问题都还没有答案，科学家们也只能推测。

图 54

前星系时期

天文学家甚至还不清楚星系是什么时候开始形成的，更不用说是如何形成的了。一些研究人员认为星系形成于大爆炸之后 100 万年，同时还有一部分研究人员认为，星系形成于大爆炸后近 10 亿年。或许最接近的说法是：星系就形成于这两个时间之间。幸运的是我们已经确切知道了一些事情。在星系存在之前，从大爆炸中诞生的宇宙是一个充斥着氢气和氦气，混合着大量暗物质的宇宙气团。初期的宇宙气团像云团一样分布不均，有些地方要厚密一些，这是剧涨时期造成的结果。这些厚密的地方因为具有更强的引力作用，所以逐步吸收周围物质，使自身更加厚密。在此之后，气团开始分散，形成由物质吸聚的气块。

银河系

关于星系的形成有两种主要的观点，但观测到的证据表明"吸聚"过程比较可信，离我们最近的证据就是银河系。银河系（图55）是碟状，但其周围围绕着一个由星群围绕组成的巨大球形晕轮，其中的恒星如同黄蜂围绕着蜂巢一样，云集在银河系周围。在这个球形群中，恒星之间年龄各异，

图 55

差距达到了上亿年。天文学家知道这一点是因为他们从恒星的颜色来辨认年龄，一般来说，恒星年龄越大，其颜色就越红。一些恒星看上去比其他的要红，所以这些恒星的年龄比较长。

这意味着球形星群以及我们所在的星系不是同时形成的。事实上，银河系形成过程大约有几十亿年，在这期间，它逐渐吸收更多的气团，以形成恒星。

星系的相噬性

无论星系是如何形成的，有一点是可以肯定的，那就是自从它们诞生起，就在不停地演变。演变的途径是相互作用。这一点也不奇怪，因为星系彼此间很接近，于是星系间的合并也就变得很平常。最大的星系——大

图 56

椭圆星系大约是银河系的10倍，或许它就是通过吞噬周围的小星系而形成的。一些星系的内部结构表明，直到现在它们还在"消化"已吞噬的小星系。哈勃望远镜所拍摄到的图片也证明了星系间的这种相噬性。（图56）

图片中的星系距离我们有十亿光年，这意味着我们现在所看到的是数

十亿年前的星系。天文学家通过比较它与现在星系的不同，可以了解所发生的事情，在哈勃深景图片中，椭圆星系比旋涡星系少。但在更近一些的地方，椭圆星系逐渐增多。这表明，在数十亿年前，旋涡星系更普遍一些，在星系逐渐合并后，椭圆星系开始增加。

今天的星系

目前用高级望远镜所探测到的星系大约有 500 亿至 1000 亿个，但实际存在的数量一定比这个数量大。

根据已知的星系，科学家估计 60% 是椭圆，30% 是旋涡，而其余的 10% 为不规则形。随着吞噬过程的继续，椭圆星系还将增加。

恒星的生命

星系是由各个恒星构成的，而且因为我们生活在银河系中，所以我们在各个方向都可以观测到恒星。这些恒星有不同的形状、温度以及颜色，但是它们的来源是一致的，都来源于绵延数光年的、由气体和尘埃构成的冷气团（图 57）。

巨分子云团

在星系间存在着的众多云雾是造星的主要原料，它们被称为巨分子云团。猎户座星云就是一个典型的例子，这些云团直径约数光年，主要由氢气构成，在云团中，单个的氢原子互相

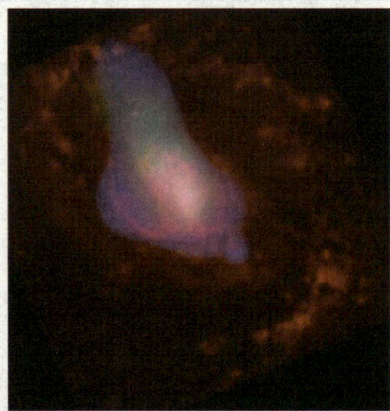

图 57

结合形成简单的氢分子。其他原料约占到整体质量的1/4，主要是氦，另外有少许的碳、氧、氮和一些微小的固体结构。这些固体结构被天文学家称为尘埃。这些尘埃与我们日常生活中从地板上或床底下清扫出的尘埃是不同的。星际尘埃更小一些，并且其结构也不同。一般来讲，星际尘埃有一个碳颗粒，外面包裹有固态的甲烷或水。

之所以有冰出现，是因为巨分子云团的温度是很低的，一般只比太空本身的温度高10℃~20℃（50°F~68°F）。但是单个颗粒之间的距离是令人吃惊的。虽然这些云团所包含的物质足以形成上百万颗像太阳那样的恒星，但由于这些云团范围广大，所以它们看上去就像是空的，甚至比科学家在地球上所能制造出的最佳真空状态还要空。云团之所以看上去像固态的，是因为它距离我们非常远，如同我们在地球上看天上的云一样。

吸引收缩

就像天空中的云会变换形状一样，分子云团在空间中漂流时也会改变形状。云在运动过程中，某些区域会变得稀薄，有些会变得浓厚，同样的事情也发生在分子云团中（图58）。分子云团的某些区域拥有较多的物质，其密度比周围要高，这些区域的引力作用也会比较高。这意味着它们会吸引周围的物质，变得更紧密，密度更大。这个过程被称为吸引收缩过程，也是第一批星系形成的过程。

图 58

就好像云的收缩一样，引力收缩还有另外一个作用。当气体被压缩时，单个原子之间的距离减小，造成原子间的经常碰撞。假设在一个加热的烤盘中放有玉米，如果突然减小烤盘的大小，则玉米粒之间的距离减小，彼此间碰撞的概率也加大了。在压缩过的气体中，微粒运动频繁，会释放出能量并升高气体温度。换句话说，气体压缩得越小时，温度就越高。

原恒星

引力收缩作用的一个直接结果就是形成了恒星的雏形——一个几光年大小的气体尘埃团，科学家称之为小球体。小球体继续收缩，引力以热量的形式被释放出来。在这个阶段，球体表面温度达到了几百摄氏度，而核心温度是表面温度的 1000 倍。这样的结构还不能叫做恒星，只能称为原恒星（图 59）。

图 59

恒 星

不断收缩的原恒星变得更热。当物体温度越高，其内部的原子运动就越激烈。当原恒星内部温度达到 1500 万摄氏度时，其内部的氢原子运动速度加快，它们彼此相遇时会结合形成氦。

氢弹的工作原理也是遵循同样的规则，这规则被称为核能合成或核聚变。在这一过程中，大量被释放的射线出现被认为是一个转折点。就像炸弹爆炸一样，这些新射线产生了一种强大的向外的冲力，抑制了物质因引力向原恒星内部运动的趋势。当这种向外的冲力和引力达到一个完美的平衡时，恒星就诞生了。恒星内部的核反应促使氢转变为氦，并发散出稳定的亮光——来自一颗新恒星的光芒。

最初的恒星

恒星的质量取决于在形成时周围有多少可用物质。质量大的恒星由于引力作用吸收了较多的物质，所以内部应具有较强的压力。这就是说，质量大的恒星不得不快速燃烧内部的核燃料以产生足够的能量、保持自己的结构，所以它们的寿命在几百万年中随氢的消失而结束。稍小的恒星中氢的反应慢一些，所以寿命在 100 亿 ~ 130 亿年左右。比太阳稍小的恒星一般都可以达到几百亿年，这比宇宙现在的寿命还要长。所以现在的宇宙中依然存在着大爆炸时期产生的恒星（图60）。

作为我们祖先的恒星

但是，大部分最初产生的恒星已经灭亡了。由于吸收了太多的造星物质，这部分恒星的质量一般都比较大。由于质量的原因，他们的寿命一般比较短，并且它们的形成原因与我们今天所看到的恒星也有所区别。虽然现在的恒星依然主要是由氢、氦构成，但还增加了其他一些比较重的元素（比如碳、氧、氮）。这一证据表明，第一代的恒星是现在我们周围或我们体内一些较重元素的生产"工厂"。如同今天的恒星一样，当第一代恒星在

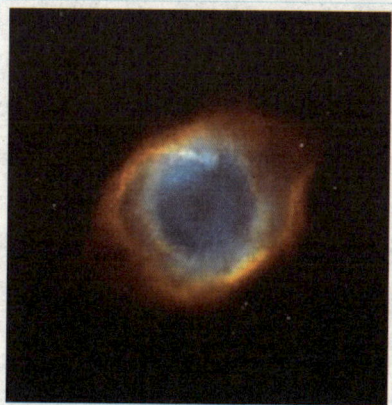

图60

形成时，都在其内部不停地将氢转换为氦。当内部氦越来越多、氢越来越少时，由于核能的减少，恒星内核逐渐变冷并开始收缩，密度逐渐大了起来。此时，在这个收缩的空间内，碰撞又一次频繁起来，致使其温度升高。在灼热的空间中，氦原子核（图61）又开始自动聚合形成一种非常不稳定的元素——铍。由于内核的密度太大，当铍原子核诞生兆分之一秒后，又和其他氦原子核聚合成了非常稳定的元素——碳。这个捕获氦原子核的过程可以一直继续下去，产生其他较重的

图61

元素。比如，在一定高温下，碳原子核会和早一个氦原子核聚合成稳定的氧原子核。恒星每一次的扩张与收缩都会增加内核的密度和温度，这样氦原子核就会不断被捕获，最终形成像镁和硅这样的较重元素。

第一批较重元素

正是以这种方式，第一代的恒星通过氢和氦逐渐创造出了在元素周期表中铁以前的各种元素。铁元素的出现意味着恒星内部核反应的结束。比铁元素轻的元素在其聚变时发出的能量足以维持形体的生命，而铁元素的聚变所需要的能量远超过一个将要毁灭的恒星所能提供的能量。因此如果恒星内部已经没有足够的燃料来产生与引力相抗衡的压力，内核有铁元素对任何一恒星都是一个麻烦。引力作用在几秒内突然加强，导致了恒星的最终灭亡。

当然，并不是所有的恒星最后都会爆炸，只有一些比较巨大的恒星会爆炸，而其他一些比较轻的恒星，比如太阳，由于其内部缺少足够的条件来产生比铁重的元素，所以它们一般会膨胀形成淡粉色的红巨星。红巨星最后蒸发形成了行星星云。

宇宙的循环

正是在宇宙的这些爆炸中（图62），首批比较重的元素形成了。同样正是因为恒星和超新星的出现，才有了行星、山脉、树木和人类的形成。以上这些都是由恒星或由超新星产生的物质构成的。爆炸过后的遗留物质再次聚合形成分子云团——又开始重复恒星诞生的过程。整个宇宙就好像是一台举足轻重的循环机器。

图62

行星的生命 ▶▶▶

在一段时间之前，人们还认为围绕太阳转动的行星只有九个（包括地球）。但是在过去的五六年中，这种看法已经彻底改变了。这种改变得益于现代观测技术的提高。人们已经发现几十个像太阳一样的、其周围有行星围绕远行的恒星。从统计角度讲，行星并非只紧紧围绕在离我们比较近的恒星周围，一些新发现的行星存在于较远恒星的周围。天文观测学上最新的观点表明，行星是恒星产生过程中的副产品。

原行星盘

简明地说，恒星是云团中的气体和尘埃在引力作用下逐渐聚合而形成的。当云团逐渐收缩时，其中心被不断压缩，随之温度也会逐渐升高，直到可以自身发出光亮。但是，在云团压缩的同时，造星物质随着旋转运动逐渐形成平面。这就好像面团在旋转过程中逐渐成为比萨饼一样。在引力收缩过程开始的 10 万年内，一个百万英里宽，由气体和尘埃构成的巨大旋涡"烙饼"围绕在正在形成的恒星周围，天文学家称之为原行星盘。简单来说，原行星盘就是行星诞生的工厂。45 亿年前，整个太阳系就是一个巨大的碟状平面，天文学家称之为太阳星云（图 63）。

在行星产生的最初阶段，原有星盘内部有分子气团，和围绕着正在形成的恒星转动的碳尘微粒。在静电作用下，这些微粒开始互相结合（就像梳子可以吸引小的纸屑一样），随着结

图 63

合的不断进行，它们的尺寸也开始变大。几千年后，这些尘埃微粒的大小会达到豌豆大小。在此之后，原行星盘在几百年之内就会被彻底改变，最终出现一个由无数类似的小行星组成的直径约一千米的风暴漩涡。这些小行星状的物体被称为星子，它们是构成行星的主要部分。

星子的出现是行星诞生中的一个转折点。这些物体不用再依靠与其同类的偶然碰撞结合而变大，它们已经可以利用彼此间的引力作用而相互结合了。最终，这些星子形成了真正的行星。

行星的形成

由于行星是由小而坚硬的星子结合而成的，星子是由诸如金属和硅酸盐等固体物质构成的，所以类地行星，包括水星、金星、火星以及地球（地球是太阳系中最大的类地行星）都是由这些物质构成的。但是宇宙中还有一些巨大的、结构完全不同的行星——气巨星（图64）。

气巨星的产生方式与类地行星一样，但是它们形成的地方距离"母恒星"（图65）比较远，同时它们的形成也与原行星盘中的温度变化有关。

图64

在平面中央位置，温度和密度都较高，只有一些比较重的物质——如岩石和金属微粒——可以从气态转变为固态，并形成行星。所以在这里形成的

图65

行星一般趋向于类地行星。但是，在离碟状平面一定距离的地方，其温度低至足以使氨气、二氧化碳和甲烷由气态转为固态。在星际星云中，这种"挥发性物质"（表示它们在一定低温下由气态直接转变为固态）比岩石或金属更为充足，所以在原行星盘的边缘出现冰状物是可以理解的。这些

在边缘的挥发性物质形成了冰状星子并逐渐长大，最后形成比类地行星大20倍的行星。在由岩石等构成的行星停止长大之前，这些巨大的行星已经拥有足够的引力来吸收周围的氢气、氦气以及其他物质。类地行星永远不可能胀大到足以产生这样的引力。离恒星较远的地方形成的岩石"球"和冰"球"，最后可能形成由气体包围的巨大球体——气态的巨大行星。

证 据

太阳系是寻找行星形成理论证据的最佳地点。如同人们推测的一样，离太阳较近的行星都比较小，并且由岩石或金属构成。同样，一些巨大的行星，如木星、土星、天王星和海王星都位于离太阳比较远的地方。在火星和木星的轨道间存在着一个小行星带。这些小行星都是由行星在

图 66

形成过程中剩余下来的物质构成的。同样，在海王星外还有一个由冰屑构成的带状物，被称为库珀带。太阳系中最奇特的行星——冥王星（图66）被认为更像一个大型的库珀带物质，而非一个真正的行星。最后，太阳系也是一个基本的平面，除冥王星外，所有行星都在同一个平面中同方向绕太阳运转。以上这些都表明，太阳系与我们推测的一样，形成于一个碟状的平面。

在更远的地方，天文学家已经发现了更多的能够证明他们关于行星形成的理论证据。他们已经自己观察到了原行星盘。其中一个最著名的例子就是环绕绘架星座 β 星的碟状平面。这个平面的边缘可以被清楚地观测到。最近，哈勃太空望远镜在猎户座星云和猎户座星座中也发现了原行星盘。

探测其他行星

在发现原行星盘的同时，天文学家也发现了许多围绕其他恒星运行的行星。这一发现解决了一个争论：行星是普遍存在的还是很稀有的。但是，

这个探测过程是非常艰难的，所以天文学家用了很久的时间才证明了外部行星的存在，主要的原因在于没有用来直接观测这些行星的工具。

行星自己不能发光，它们只能反射"母恒星"所发出光的一部分，并且这微弱的光非常容易被"母星"发出的光所遮蔽。所以太阳系外的行星一般很难观察到。天文学家必须根据它们对"母星"的影响来探测它们。

严格来说，行星不是围绕恒星（图67）来运行的，恒星和行星是围绕

图67

共同的质量中心运行。如果将恒星和行星连接起来，它们将在质量中心这个点上达到平衡，而且由于恒星一般要比行星大很多，所以质量中心一般位于恒星内部。因此，当行星围绕质量中心做很大的圆周运动时，恒星仅仅是晃动几下。如果没有行星在周围运行，恒星在围绕着自己的中心轴转动时是不会发生晃动的。

太阳系之外的巨大行星

1995 年，天文学家借助光谱学观测到了恒星的运动方式，并根据它们的晃动发现了太阳系以外的行星。据记载，迄今已经发现了几十个太阳系外行星存在的案例。在许多案例中，只有一颗行星被确认，但一些恒星周围绝对不仅仅只有一颗行星，或许这些恒星周围都有几颗行星，但由于小行星只能造成恒星很小的晃动，所以在观测中被忽略了。目前，光谱学仅能探测由较大行星引起的晃动。在太阳系外发现的行星都是巨大行星，通常都比太阳系中最大的行星——木星还要大。但是，手段和工具都在不断地更新，现在已经可以确认，在太阳系外存在着其质量介于木星和土星之间的行星，要发现更小的行星只是时间的问题。当然，是否存在足以观察恒星的任何微小晃动的方式依然值得怀疑。如果要发现其他类地行星，天文学家还需要其他的技术。

其他的"地球"

探测其他行星的一个方式就是观测掩星现象（图 68）。在日蚀中，当月球通过太阳前方时，地球上的光线就会变暗。同样，当水星和金星通过太阳前方时，也会发生掩星现象。现在，假设一颗太阳系的行星正在围绕远处的一颗恒星做圆周运动，而我们在轨道的边缘处观察，当行星经过恒星前方时，亮度会急剧下降，掩星结束时亮度又会恢复正常。若干时间后，

图 68

行星完成了另一次圆周运动后，又发生了掩星现象。虽然这种周期性的活动每次延续的时间很短，但是天文学家依然能够利用最先进的仪器探测到。同样，行星越大，利用这种方式的观测也就越准确，当然也可以探测一些比较小的行星。

另外一种方式就是观察行星所反射的光。行星反射的光度是不能用现

有的任何器械探测到的，除非这些光是由巨大的行星反射的，并且距离恒星很远，其亮度一直保持不变。如果在地球上或者在太空中架设大型的望远镜，或许可以得到一些结果。现在已经有在太空架设望远镜来寻找行星的计划了。

Part 6
宇宙黑洞

　　黑洞是一种引力极强的天体，就连光也不能逃脱。当恒星的半径小到一定程度时，就连垂直表面发射的光都无法逃逸了。这时恒星就变成了黑洞。说它"黑"，是指它就像宇宙中的无底洞，任何物质一旦掉进去，"似乎"就再不能逃出。由于黑洞中的光无法逃逸，所以我们无法直接观测到黑洞。然而，可以通过测量它对周围天体的作用和影响来间接观测或推测到它的存在。2011年12月，天文学家首次观测到黑洞"捕捉"星云的过程。

宇宙黑洞 ▶ ▶ ▶

20 世纪初，丹麦人赫兹普隆和美国人罗素根据恒星的光学谱和亮度，把观察到的恒星安排在一张图上。这种图被称为赫罗图。50 年代以来，天文学家们以赫罗图为基础，认为恒星一生经历了星云、星胚、主序星、红巨星等演变过程，最后，红巨星变成"铁心"的天体。如果一个恒星铁核的质量小于 1.44 个太阳，它将最终变为白矮星（图 69）；如果恒星铁核在 1.44 ～ 2.0 个太阳质量之间，最后变成中子星；如果恒星铁核质量在 2 个太阳以上，最后成为黑洞。

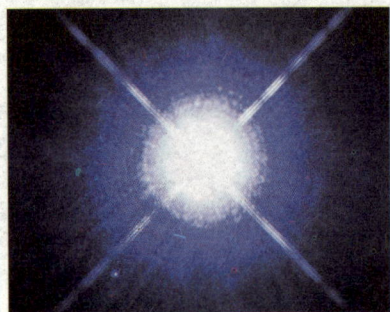

图 69

根据奥本海默在 1939 年的说法，大质量天体坍缩到某一临界体积时，会形成一个封闭的边界，强大的引力使界外的物质和辐射只能进入，不能逸出，消失在黑暗中，这便是所谓黑洞。黑洞的理论是优美的，但我们目前还无法观察到孤独的黑洞。对黑洞的认识，可能会给人类的物质观、运动观带来巨大的变革。

黑洞，是人们对宇宙空间一个区域的形象称呼。如果宇宙中确实存在黑洞的话，那才是名副其实的黑洞，不但物体掉进去会消失得无影无踪，而且就连光也休想从那里逃逸出来，就像一个饥饿的无底洞，永远也填不饱。因此有人又把它叫做"星坟"。

时至今日，虽然黑洞还没有被真正捕捉到，但人们对黑洞的存在却是确信无疑的，也许一些星团的中心就是黑洞，大概银河系中心就是一个大质量的黑洞。除了大黑洞之外，很可能还存在比小行星还要小的黑洞（图

70）。甚至还有人认为地球上也存在黑洞。这些还都属于假说，但总有一天，人们会揭开黑洞的神秘面纱的。

图 70

黑洞真的存在吗？

在人类社会中，有些人过着隐士般的生活，喜欢独居，希望别人不要过多地探询有关他们的事情。

宇宙中也有这样的隐居者。黑洞——天空中大多数大质量恒星的最终演化产物，一个超致密天体——就是宇宙中的神秘隐士。这些宇宙隐士被保护在秘密掩体内，有关它们的信息一点都透露不出来。

黑洞（图71）是在一特殊的大质量超巨星坍缩时产生的。黑洞产生的过程类似于中子星产生的过程。位于恒星中心的铁核在自身重量的作用下迅速地收缩，发生强力爆炸。在中子星情况下，当核心中所有的物质都变成中子时坍缩过程立即停止，被压缩成一个密实的星球。但在黑洞情况下，由于恒星核心的质量大到使坍缩过程无休止地进行下去，中子本身在挤压引力自身的吸引下被碾为粉末，剩下来的是一个密度高到难以想像的物质。

图 71

在如此密实的黑洞中隐匿着巨大的引力场，这种引力大到使任何东西，包括光，都不能从黑洞中逃逸出去。这就是这种物体被称做"黑洞"的缘故。

为了理解黑洞的动力学和理解它们是怎样使内部的所有事物逃不出其边界的原因，我们需要讨论广义相对论。广义相对论是爱因斯坦创建的成功的引力学说，适用于行星、恒星，也适用于黑洞（图72）。爱因斯坦在1916年提出来的这一学说，说明空间和时间（合起来叫做时空）是怎样因大质量物体的存在而畸变了的。简言之，广义相对论说物质弯曲了空间，而空间的弯曲又反过来影响穿越空间的物体的运动（在科幻小说和影片中

图 72

普遍使用的"空间翘曲"一词就是对此原理的表达。）

　　让我们看一看爱因斯坦是怎样思考的。首先，考虑时间（空间的三维是长、宽和高）是现实世界中的第四维（难于在平常的三个方向之外再画出一个方向，但让我们尽力去想像）。其次，考虑时空是一张巨大的绷紧了的体操表演用的弹簧床的床面。

　　爱因斯坦的学说认为质量使时空弯曲。我们不妨在弹簧床面上放块大石头来说明这一情景：石头的重量使得绷紧了的床面稍微下沉了一些，虽然弹簧床面基本上仍旧是平整的，但其中央稍有下凹。如果在弹簧床中央放置更多的石块，则将产生更大的效果，使床面下沉得更多。事实上，石头越多，弹簧床面弯曲得越厉害。

　　同样的道理，宇宙中的大质量物体将使宇宙结构受到畸变。正如 10 块石头比 1 块石头使弹簧床面弯曲得更厉害一样，质量比太阳大得多的天体比一个或小于一个太阳质量的天体使空间弯曲得厉害得多。

　　如果一个网球在一张完全绷紧了的平坦的弹簧床面上滚动，它将沿一直线路径前进。反之，如果将它送到绕经一个下凹的地方，则它将行经一弧形路径。同理，天体穿行于时空的平坦区域（较少的重物质）时继续沿直线路径前进，而那些穿越弯曲区域（有较多重物质）的天体将沿弯曲的轨迹前进。

现在再来看看黑洞对于其周围时空区域的影响。设想在弹簧床面上放置一块质量非常之大的圆石头代表这一超密的黑洞，自然，这将大大地影响床面，不仅其表面要弯曲下陷，还将断裂。类似的情形将在宇宙中出现，若宇宙中某处存在有黑洞，则该处的宇宙结构将被撕裂。这种时空结构的破裂叫做时空的奇异性或奇点。

向黑洞靠得多近而不被它永远地抓住呢？答案是相当近。被黑洞吸入不能再返回的那一点叫做黑洞的视界，它是距黑洞中心一定距离叫做史瓦西半径的一个球壳。此半径的长短只与黑洞的质量有关。例如，一个太阳质量的黑洞其史瓦西半径不到 3 公里，只要离开其中心 3 公里以外，就没有危险，从黑洞旁边走过不会被抓住。

一旦你进入了视界，便逃脱不了被黑洞擒获的命运——你将一直下落到时空奇点所在处——黑洞的中心（图 73），不过几分之一秒的一瞬间，你就会被那里无穷大的引力弄得粉身碎骨。

前面已经说过，没有任何进入黑洞的东西能再逃离它，但科学家们却认为黑洞会缓慢地释放其能量。这是怎么一回事呢？著名的英国物理学家霍金在 1974 年证明黑洞有一个不为零的温度，比深空的温度要高一些。一切比其周围较温暖的物体都要释放出热量，黑洞也不例外，一个典型的黑洞将在几百万万亿（10^{18}）年内蒸发光（释放出它全部的能量）。黑洞释放能量有个恰当的名称：霍金辐射。

图 73

"黑洞"这个词虽然是公众最熟悉的天文名称之一，但并不能因此就认为对黑洞的存在已无争议了。在一个较长时间里，黑洞只被认为是一个假想的物体和数学的构思，被看成是比较难的大学生练习题稍难一点的东西。

但近年来，关于在空间存在着黑洞（图 74）的证据越来越多。这些证

图 74

明不是直接的——黑洞终究是看不见的，而是通过物质落进黑洞的视界后发出的辐射间接得知的。用这种方法探测黑洞，就好像通过观察火焰的影子，发现炉灶中燃烧着的炭块一样。

　　许多理论工作者都认为银河系的中心也隐藏着一个超大质量黑洞，但至今还未像理论上存在的那样获得较确凿的证据。

Part 7
银河系

　　银河系是太阳系所在的恒星系统，包括1400亿颗恒星和大量的星团、星云，还有各种类型的星际气体和星际尘埃。它的直径约为100 000多光年，中心厚度约为12 000光年，总质量是太阳质量的1400亿倍。银河系是一个旋涡星系，具有旋涡结构，即有一个银心和两个旋臂，旋臂相距4500光年。太阳位于银河一个支臂猎户臂上，至银河中心的距离大约是26 000光年。

银色的河 ▶▶▶

我们所看到的银河，只是银河系（图75）在天球上的投影。那么，银河系是什么呢？银河系是一个巨大的恒星系统，它是由大约1400亿颗恒星和大量的星际物质组成的庞大的物质体系。我们所在的太阳系本身就是银河系中的一员，所以我们是看不到银河系全貌的。但我们可以通过计算，分析银河系的结构和形状。第一个做这项工作的是英籍德国天文学家赫歇耳，他计算了若干天区内的恒星数目，进行统计研究后，于1785年绘制了最早的银河系结构图。

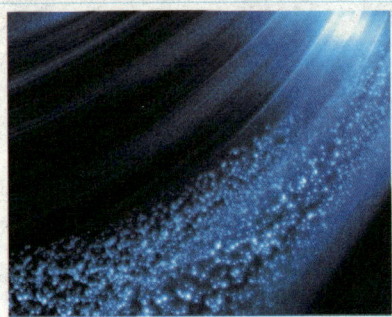

图 75

今天我们知道的银河系总体结构大致是这样的：银河系的主体像个铁饼，叫做"银盘"，直径约10万光年：银盘的中心平面叫"银道面"；银盘中间鼓出来一大块，叫"核球"；核球中间有一个特别密集的区域，它是银河系的中心，叫"银心"。银心直径大约是5光年，这里是银河系中最"秘密"的区域，也是恒星高度密集的区域，它拥有的质量相当于1000万个太阳质量。

围绕银心从银盘内甩出了4条"旋臂"，我们人类所在的太阳系就处在其中一条旋臂上。

通常，旋臂内的物质密度比臂间约高出10倍。在旋臂内恒星约占一半质量，剩下的一半物质是气体和尘埃。旋臂的典型厚度只有150秒差距，由于旋臂中多有亮星，照片上的旋涡结构是非常明显的，因此银河系和有类似结构的星系都叫做旋涡星系。

银河系由许多次系组成，各个次系在空间分布、时间运动和物理特性方面互有区别。银河系次系可分为三类：第一类是扁平次系，例如O型星次系、B型星次系、经典造父变星次系和银河星团次系等，它们高度集聚于银道面两旁，形成扁平状的系统。第二类是球状次系，如天琴座（图76）RR型变星次系、亚矮星次系和球状星团次系等，它们以银河系中心为集聚点，形成球状系统。第三类是中介次系，介于扁平次系与球状次系之间，如新星次系和白矮星次系等。

图76

银河系恒星大部分是成群成团的分布，据统计推算，银河系应有18000个银河星团和500个球状星团，由于受观测技术限制，迄今仅观测到球状星团100多个，银河星团1000多个。除了恒星外，银河系内还存有大量的弥漫物质，即气体和尘埃。它们除聚成星际云，高度集中分布于银道面附近外，还广泛散布在星际空间。银河系的质量为 1.4×10^{11} 个太阳质量，其中恒星约占90%，气体和尘埃组成的星际物质约占10%。

在太阳系中，太阳是中心天体，也是一个恒星，位于银道面以北约 8 秒差距处，距银心约为 3 万光年，太阳系以每秒 250 千米速度绕银心运转，约 2.5 亿年转一周。太阳的质量占太阳系总质量的 99.8%，其强大的引力牢牢地控制着整个太阳系，使太阳系内的其他天体绕太阳公转。太阳系的 9 大行星分为性质不同的三类：类地行星有水星、金星、地球、火星；巨行星有木星和土星；远日行星有天王星（图 77）、海王星和冥王星。9 大行星都在接近同一平面的近圆形轨道

图 77

上，朝同一方向绕太阳公转，它们具有轨道运动的共面性、近圆性和同向性。

银河系中心

每颗恒星在太空中的运动都可以分为两部分：一是横越我们视线的运动，即"横向运动"，它可以由恒星的"自行"计算出来；二是朝向或离开我们的运动，称为"视向运动"。它可以根据光谱的位移确定。对于不同的恒星，这两种运动的组合情况当然会有所不同。但是，如果你观测大量的恒星，那就可以认为它们的平均视向运动大致等于其平均的横向运动。

球状星团在天空中的分布之所以看起来偏于一边，乃是由于我们自己在银河系中偏于一边的缘故。因此，当我们朝人马座方向看去时，我们的视线要穿过 77000 光年的一厚层恒星，而在相反的方向上，则仅穿过 23000 光年厚的恒星。但倘若果真如此的话，银河系各处又为什么几乎都一样亮呢？

原来，在群星之间存在着许多气体和尘埃。它们就像雾一样吸收着光线，使人们看不见它们背后的恒星。这种气体——尘埃云（图 78）散布在

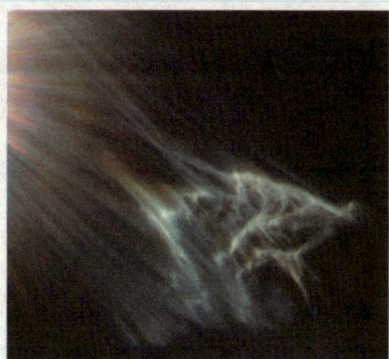

图 78

整个银河系内。它们使我们无法看见银河系的中心，当然也更无法看见银河系中心彼侧的那些部分。事实上，我们看见的仅是银河系中邻近我们的某个范围，而我们自己又正好位于这个范围的中央。这便是银河在各个方向上看起来几乎都一样亮的原因。多亏了球状星团，才使我们即使看不见，也还能推知整个银河系的巨大范围。

今天的测量精度比 20 世纪 30 年代又有了很大的进步，现在我们知道，银河系的直径约为 85 000 光年，太阳差不多正好位于银河系的对称平面上，与银河系中心相距约 27 000 光年。

亮星云和暗星云

用肉眼可以看到的星云是猎户座大星云（图 79）。冬夜，猎户座高悬南天，猎户座中间三颗恒星排成一条线，十分像猎户的腰带，在腰带下方悬挂的宝刀上，即在猎户座 θ 星处，有一片模糊的光斑，这就是猎户座大星云，用望远镜观看，光斑并不像银河系或其他旋涡星系那样分解为颗颗恒星，光谱的观测表明，它真的是一团稀薄的气体，这些气体物质发射出淡绿色的光芒，形成一个不规则的云

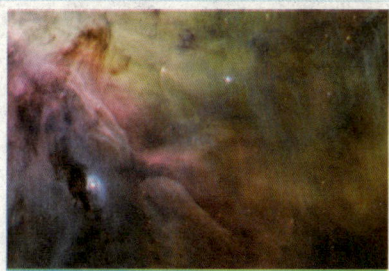

图 79

块，包围在由四颗像宝石一样闪光的恒星组成的不规则四边形之中，构成了星空中最美丽的天体之一，它离我们只有约 500 秒差距远，直径约 5 秒差距，主要由电离的氢所组成，发射出由氢、氦和氧的发射线组成的光谱，估计猎户座大星云的质量约为太阳质量的 300 倍。

亮星云在热星照耀下的发光过程大致如下，恒星发出的光子轰击着星云中的原子，低频光子不会产生什么影响，但波长短于 9.12×10^{-8} 米的紫

外光子会使氢原子电离，即使外围电子与氢原子核分开，电离后，带负电的电子不容易与带正电的离子重新复合，因为星云物质十分稀薄，自由电子往往要奔跑几天甚至几十天才能遇上一个氢离子并与之复合，因此亮星云的周围永远存在着一个由电离氢组成的区域，称为电离氢区。

自由电子与氢离子的复合会发射光子，光子的频率取决于电子达到的能级，如果光子能量较大，它会被另一个氢原子吸收，使后者激发或电离，只有较低能量的光子才能从星云中逃逸出来。因此，每一个紫外光子最后总会变成一个红色光子和一些波长更长的光子，这就是我们观测到的包含氢发射线的星云光谱。上述过程称为荧光过程。

炽热恒星的紫外照射（图80），还会加热电离氢区，一般中性氢区的温度为绝对温度100K左右，而电离氢区的温度一般达1万K，在这样的

图80

温度下，粒子间的碰撞可以把一些重元素离子激发到亚稳状态，处在高能态的离子是不稳定的，会很快发射光子返回低能态，但在亚稳态发射光子需要长得多的时间。在地球实验室中，即使在理想的真空条件下，粒子间的碰撞仍很频繁，粒子难以有足够长的时间停留在亚稳态，也难以发出相应的谱线。因此，这种谱线称为禁戒谱线。但在星云中物质密度很低，每立方厘米体积平均只有 10 个到 1000 个粒子，粒子间的碰撞十分稀少。于是，在这种特定条件下，亚稳态可保留足够长的时间，并产生禁戒谱线。结果星云的禁戒谱线不但可以产生，而且可以非常强，几乎与氢的谱线差不多强，造成这个结果的原因不难理解。正是电子使一些重元素离子激发到亚稳态，但同样是电子，又可以使亚稳态离子经碰撞返回基态，难以长时间维持。因此电子密度足够低是产生禁戒谱线的条件。另一方面，电子密度低将使它和氢离子复合的过程不易发生，从而减少了氢谱线的强度。

图 81

于是，虽然星云（图 81）中氧离子数目比氢离子少 1/1000，但是 1927 年鲍恩（I.s.Bowen）却在星云光谱中观测到与氢谱线差不多同样强的两条电离氧的谱线（4.959×10^{-7} 米和 5.007×10^{-7} 米）。由于很长时间内人们无法解释这个事实，就把它归结为星云中某种神秘元素"氜"发出的辐射。对氢谱线的解释再一次证明，"天上"和"人间"由同样的物质组成，遵循同样的物理规律。

在很多发射星云附近都有炽热的 O、B 型恒星，这并不是偶然的巧合。这些星云往往在银河系的旋臂附近，形成旋臂的密度波压缩星际物质，迫使星云凝聚成为恒星。猎户座大星云就是这样一个恒星的摇篮。照亮它的一些恒星的年龄还不足 50 万年。用红外观测可以透过气体和尘埃而看到星云的内部，发现其中有一个恒星"婴儿"。它的年龄竟只有 2000 年。

恒星处于垂死阶段时，会抛出外层气体，形成蛋圆形的电离区，因为外形与行星相仿，叫做行星状星云。恒星死亡后也会由超新星爆发而形成云状超新星遗迹，向外发出射电辐射甚至非热的各种辐射。

但是，由星际物质形成的星云（图82）本身并不能发光，上述种种情况都需要有某种其他天体来照亮它，没有其他天体的帮助，就无法用光学方法研究它们。星际物质的分布很不均匀，有时可以更稀薄地分布在恒星之间的广袤空间之中，密度可低到每立方厘米只有一个粒子，即原子之间

图 82

的距离是它本身大小的1亿倍。尘埃总是和气体在一起，但尘埃颗粒比气体更稀薄，由于它们对研究恒星演化和星系性质十分重要，需要寻找更有效的研究方法。

星际分子

轰动一时的星际分子的发现，成为20世纪60年代天文学的四大发现之一，立刻引起了物理学家、化学家、生物学家和天文学家的足够重视。

从1969年发现甲醛分子以来，又发现了许多星际有机分子。就是在银河外星系，也发现了好几种分子。截至1978年，共发现了48种星际分子。

（图83）这里有简单的双原子分子，也有复杂的有 11 个原子的氰基辛四炔，有水分子，有甲 $_{111}$ 分子，有氰化氢分子，甚至还发现了乙醇分子。在这些元素中，有同生命过程分不开的水分子和氨分子，有合成氨基酸必不可少的甲醛、氨化氢和丙炔腈分子。这说明宇宙中可能存在氨基酸。氨基酸是构成蛋白质和核酸的主要原料，而生命就是蛋白质的存在方式。这些星际

图83

分子的存在意味着什么，人们就很清楚了。

　　既然这些星际分子的存在是如此的重要，人们自然要探讨它的来源了。

　　人们知道，星际空间是极其空旷的真空空间，这样的条件，别说复杂原子，就是简单原子也难以形成。况且星际空间还是一个气温极其低下的

低温世界，均在 –100℃左右，有的地方还低到 –270℃，这样寒冷的环境，怎么可能进行化学反应呢？同时，星际空间还有恒星和其他天体发出的强烈辐射，就是分子形成了，也可能被辐射破坏掉。

此外，关于星际分子的产生，还有许多假说，如：原子碰撞结合而形成分子说，分子是原子在尘埃表面结合而形成的，还有人认为，复杂的有机分子是一些比它们大得多的有机聚合物尘埃分解后的碎片。

星际分子的发现，促使人们不得不重新考虑一些问题。星际分子的起源之谜一旦解开，将对天体演化、生命起源，以及现代自然科学都会产生深远影响。我们期待着这一天的到来。

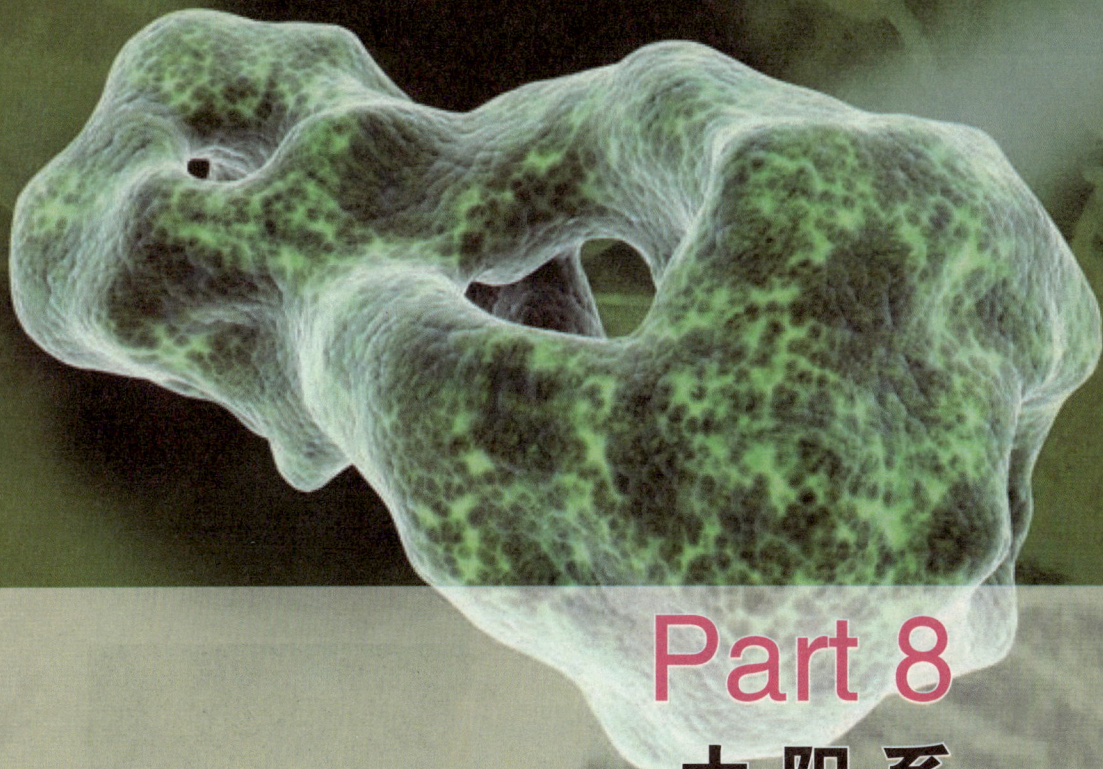

Part 8
太阳系

　　太阳系就是我们现在所在的恒星系统。它是以太阳为中心，和所有受到太阳引力约束的天体的集合体。8颗行星（冥王星已被开除），至少165颗已知的卫星，和数以亿计的太阳系小天体。这些小天体包括小行星、柯伊伯带的天体、彗星和星际尘埃。广义上，太阳系的领域包括太阳、4颗像地球的内行星、由许多小岩石组成的小行星带、4颗充满气体的巨大外行星、充满冰冻小岩石、被称为柯伊伯带的第二个小天体区。在柯伊伯带之外还有黄道离散盘面、太阳圈和依然属于假设的奥尔特云。

认识太阳系

太阳系的起源

关于太阳系（图84）的起源问题，2000年来因为没有一种权威说法，因此人们提出了一种又一种假说，累计起来，已经有40种之多，但其中影响比较大的，主要有以下几种观点。

星云说

这种观点首先由德国伟大哲学家康德提出来，几十年以后，法国著名数学家拉普拉斯又独立提出了这一问题。他们认为，整个太阳系的物质都是由同一个原始星云（图85）形成

图84

图85

的，星云的中心部分形成了太阳，星云的外围部分形成了行星。然而康德和拉普拉斯也有着明显差别，康德认为太阳系是由冷的尘埃星云的进化性演变，先形成太阳，后形成行星。拉普拉斯则相反，认为原始星云是气态的，且十分灼热，因其迅速旋转，先分离成圆环，圆环凝聚后形成行星，太阳的形成要比行星晚些。尽管他们之间有这样大的差别，但大前提是一

致的，因此人们便把他们捏在一起，称"康德－拉普拉斯假说"。

这一假说在当时得到了人们的普遍拥护和接受。而且近些年来，这一假说又有复活的趋势。美国天文学家卡末隆认为，太阳系原始星云是巨大的星际云抛出的一小片云，起初是在自转，同时在自身引力下收缩，其中心部分形成太阳，外围变成星云盘，星云盘后来形成行星。我国天文学家戴文赛、苏联天文学家萨弗隆诺夫、日本天文学家林忠四郎等人也都是这一观点的拥护者。澳大利亚的普伦蒂斯又提出了新拉普拉斯假说，认为原始星云是冷的含尘云。

灾变说

康德－拉普拉斯假说因无法解释太阳和各行星之间动量矩的分配问题，因此在 20 世纪初，灾变说又盛行起来。这一假说的代表人是英国天文学家金斯。他认为，形成行星的原始物质，是由于有颗行星偶然从太阳身边走过，把太阳上的一部分东西拉了出来的结果。因这次的经过非常近，完全可以看做是一次碰撞，太阳受到它起潮力的作用，从太阳表面抛出一股气流，气流凝聚后，变成了行星。这一假说有许多变种，像美国天文学家钱伯非等人提出的星子说；杰弗里斯的恒星与太阳相撞说；利特尔顿认为太阳原是双星，因受第 3 颗星的引力作用，分出物质，形成星系；霍伊耳认为是太阳伴星作超新星爆发（图86）时，一部分物质被太阳捕获而形成星系，等等，都属于灾变说。这一假说，足足占据了天文学家们的头脑达 30 年之久。最近几年，灾变说又复活起来，沃尔夫森就是这一观点的拥护者，他的最新方案认为形成行星的气体流是从掠过太阳的太空天体中抛射出来的。

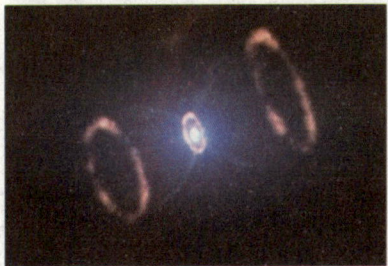

图 86

俘获说

不管怎样，经天文学家们的计算表明，气体中的物质在空间弥散开来之后，不会发生凝聚现象，这是对灾变说的釜底抽薪。因此，俘获说便应运而生。这一假说最早是由苏联科学家施密特提出来的，他认为，当太阳某个时候经过气体尘埃星云时，从而把星云中的物质据为己有，形成绕太阳旋转（图87）的星云盘，逐渐形成各个行星及其卫星。德国的魏扎克，美国的柯伊伯也都是这一观点的拥护

图87

者，但他们的看法与施密特稍有不同。魏扎克认为行星是在绕太阳旋转的气体尘埃的漩涡中形成的，柯伊伯认为行星是由星云盘上瓦解出来的一些气体球形成的。

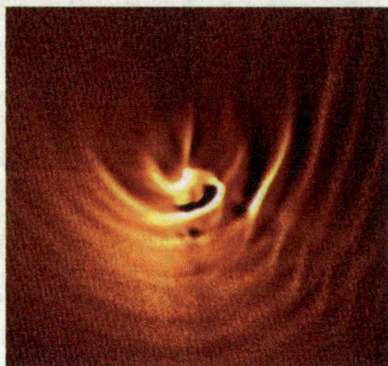

尽管各种假说都有充分的观测、计算和理论根据，但也都有致命的不足，所以一直也没有一种被普遍接受的假说。太阳系在等待着新的假说。

太阳系的行星 ▶▶▶

太阳系到底有多少颗行星？初听起来，似乎有点荒唐。有人会说，谁不知，太阳系有八大行星，你提这个问题多无聊。实际上，这个问题没有错。如果这个问题在300年前提出，那么人们只能回答，太阳系有五大行星。因为那时人们只观测到太阳系除地球外的5颗行星——水星、金星、火星、木星和土星。所以太极八卦中阴阳五行的"五行"即水、木、金、火、土，便是指五大行星，构成了阴(指月亮)阳(指太阳)五行。太极图中的乾是指天——即恒星天，而地是指地球。那时形成的阴阳五行理论是以当时的天文知识为背景的。如果在200年前提出太阳系有多少行星，天文界回答

图88

是7个。在100年前提出同样的问题，回答是有8大行星。50年前提出此问题，回答有9个。如果现在提出此问题，正确的答案应该说我们观测到的有8大行星，曾经一度被人们认为是九大行星之一的冥王星被视为太阳系的"矮行星"。

如果不算小行星，只谈大行星，目前肯定地说只有8颗。

据天文刊物报道，现在在冥王星轨道上又发现了几颗小行星（图88）（与冥王星同轨），而在海王星轨道之外发现了八颗类小行星天体。

因此，我们不能松懈寻找其他行星的努力，近几年应加强观测，注意八大行星轨道面之外的天区，说不定哪一天真的就发现了它，也许它的轨道即在海王星之内，又在木星之外。我们认为目前尚未观测到天体或尚未掌握天体规律，不可过早下结论，以免松懈人们的思想而痛失发现良机。真有一天发现了所谓的"木王星"（借用名词），到那时如果再回答太阳系有多少行星，恐怕答案就已变化了。

有生命的行星

　　智慧生物与生命是两个不等同的概念。尽管我们现在已经能十分有把握地断定，在太阳系诸天体中，除地球外，没有任何一个天体拥有智慧生物，但仍不能肯定，在其他天体中也不存在任何生命活动，特别是那些低等的微生物。

对火星生命的探索

　　其中第一项实验是检查火星有无以光合作用为基础的物质交换，结果是否定的。第二项是仿效地球上的物质交换，以澄清土壤样品中有无微生物（图89）。实验时在土壤样品中加入含碳–14的培养液，若土壤中有生物，会吸收与消化养分，会排出有放射性的碳–14，这可在计数管中进行检测，

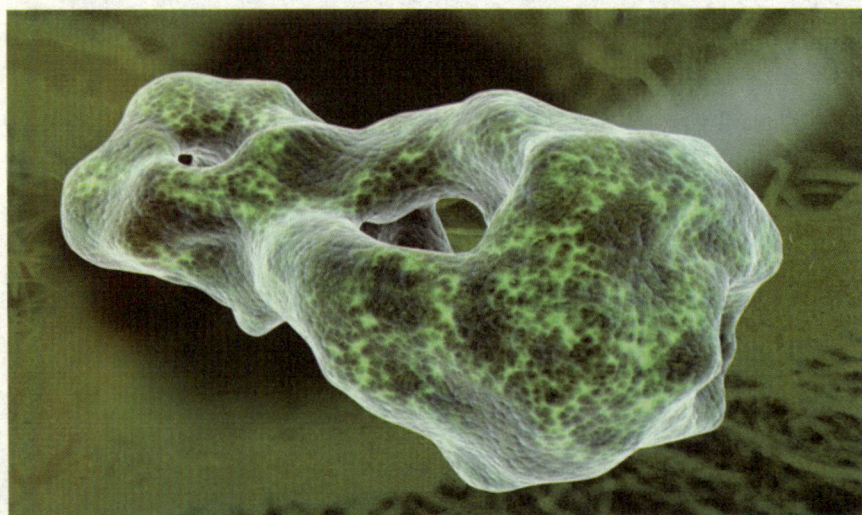

图89

结果记录到了。而预先经过消毒处理的土壤则没有。第三项实验是测量生物与周围环境所发生的气体交换。在加入培养液的土壤样品中，质谱仪记录到有氧的发生，但两小时后却突然停止，不过微量二氧化碳的析出却持续了 11 天之久。有人指出，如果土壤中存在过氧化物，那么氧的析出就可能不是生物造成的。因此根据这三项实验的结果，人们既不敢肯定火星上有生命存在，也不能否定火星生命存在的可能。

即使退一步说，这三项实验证明了火星没有生命。但它毕竟只能反映实验地点的情况，而不能以点代面地说明整个火星的情况。要知道，40 多年前，人们对环境恶劣的地球南极地区进行考察时，也曾认为那里是不适宜生命存在的，在早期的考察活动中也确实没有发现"定居型"的生物。然而在 1977 年，人们却在那里的石缝中找到了地衣和水藻。此外，一些火星研究者还指出，在火星赤道附近有两个地方，土壤中水的含量要比别处丰富得多。每天每平方厘米的地面至少能释放出 100 毫克的水（一到夜晚，水汽则凝结为霜，因此这两个地方从地球看去要比火星其他地方明亮得多）。他们认为这两个地方的环境比地球上一些已发现有微生物的极端恶劣环境，更适于生命的存在。

一颗可能有生命的卫星

土卫六（图 90）是土星的第六颗卫星。它的直径约 5800 千米，是太阳系中最大的一颗卫星。它也是太阳系里已知的惟一具有真正大气层的卫星。

根据 1944 年奎伯对其光谱的分析，认为它的大气主要由甲烷和氢组成，其大气压约在 0.1 ~ 1 个大气压之间。也就是说，其大气密度虽不及我们地球，但比火星大气却要密得多。土卫六的表面温度，因距太阳较远，大约维持在零下 150℃ 左右。

根据著名科学家米勒等人对生命起源的实验研究，人们知道，用紫外线照射甲烷和氢，就能形成许多有机

图 90

图 91

化合物，如乙烷、乙烯、乙炔等。事实上，1979 年 9 月，"先驱者" 11 号（图 91）宇宙探测器在距离土卫六 356 000 千米处，拍摄到的照片显示，这颗卫星呈现桃红色。这表明它的大气中确实含有甲烷、乙烷、乙炔等，还可能有氮的一些成分。乙烷、乙炔的存在使人们相信，土卫六上有可能找到更复杂的有机物。因此人们认为，在土卫六表面可能存在一层由较复杂的有机物构成的海洋和湖泊，其情形也许十分酷似地球生命发生前夕的所谓 "有机汤海"。如果这一推测是可靠的，那么土卫六上就很可能有一些原始的生命形态。

　　1980 年底，"旅行者" 号飞船飞临土星上空时，人们曾期望它能给我们带来更多的有关土卫六的信息。遗憾的是，它只发现土卫六的大气并不像早先所认为的以甲烷为主，而是以氮为主，约占 98%，甲烷仅占不到 1%。此外，还有乙烷、乙烯、乙炔和氢。值得高兴的是，在红外探测资料中发现其云层顶端含有与生命有关的分子，可能是属于生命前的氢氰酸分子。但是，由于它的大气几乎完全呈雾状，妨碍了飞船对土卫六表面的观测。因此土卫六上是否真有生命，还待进一步证实。

图 92

另一颗存疑的卫星

第三颗引起人们注意的是可能拥有生命的天体木卫二（图92）。

根据近红外波长的光谱分析，这个卫星的表面存在大量由水构成的冰。而根据其平均密度为 3.03 克／平方厘米来估算，它可能有一个厚约 100 千米的冰和液态水组成的壳层。

与此同时，来自地球的一项发现也启迪着人们的思想。那是在南极的干谷，有一些常年冰封的湖泊。极地微弱的阳光在透过上部厚厚的冰层以后，到达湖底已是微乎其微。然而，当人们潜入这冰冷的、幽暗的湖底时，却意外地发现那里生活着一大片蓝藻。它们就靠这微弱的阳光生活。木卫二尽管离太阳比地球远得多，温度低、阳光弱，但并不比南极冰湖下的环境更差。而且由于自转和公转的耦合关系，它有长达 60 小时的白昼。因此在有些冰裂缝刚刚破裂开来的地方，水体里将有可能接受到较充足的阳光，从而使生命有可能在那里繁殖生存。一直到 5 ~ 10 年后，当裂缝重新为厚厚冰层所覆盖时，生命也就暂时地潜伏起来，等待另一次机会。

当然，以上所述还只是一些推测，要证实这一猜想，需要有一个能潜入木卫二冰壳下的太空潜水装置。

其他可能有生命的天体

其实，不仅是上述三个天体，就是对金星、木星、木卫一，甚至我们的月球，是否就完全没有任何生命形态，人们也没有完全排除怀疑。

金星（图 93）以其表面具有高达 400℃以上的温度，而一直被人们认为是不适宜生命生存的。然而，1977 年以来，人们在调查洋底的地壳裂缝时，却发现在一些具有二三百度，甚至更高温度的海底喷泉旁，生活着许多可耐高温的生物。这使人们认识到，生命对环境的适应能力远比人们想像的大许多。因此，我们不能保证金星对生命来说就是绝对的禁区。何况，即使金星地面没有生命，也不能肯定排除在它的大气层里、温度适宜的地方，就没有漂浮着一些含微生物的云层。

图 93

木星是一个主要由氢和氦组成的天体。理论分析表明，它的云层厚约 730 千米，下面是厚约 24 000 千米的液态分子氢组成的木星幔，再下面是具有金属特性的原子氢组成的下部木星幔，然后才是一个可能由硅和铁组成的石质木星核。木星距太阳较远，理论计算表明，其云层顶的表面温度应在 −168℃左右，但实测的结果，比理论值高出 20℃ ~ 30℃。这表明它有来自内部的热量。因此可以算出，在云层底，温度可高达 5500℃。

至于月球，尽管已有阿波罗 6 次登月和苏联 2 次月球自动站的考察记录，但仍有一些人对月球生命问题不肯轻易罢休。他们提出了种种怀疑，并猜测是否会有生命隐居在月面之下。

综上所述，我们对太阳系中其他天体是否拥有生命的讨论远远没有结束，人们正期待着今后更深入地探索。

太阳耀斑 ▶▶▶

当年施瓦贝发现太阳黑子(图94)周期的消息传开后,引起了相邻学科的研究者们的关注。1852年,英国地球物理学家萨拜因发现,"地磁暴"(一种地球磁场扰动现象)也表现出一种周期性扰动,周期也大约是11年。萨拜因把这些变化画成曲线,并与黑子数变化的曲线相比较,结果发现两者之间存在着一种对应关系。几乎与萨拜因同时,另一位英国科学家拉芝特,也惊异地发现地磁场的每日变化幅度,也有11年左右的周期变化。

这真是出乎意料的发现!当这种对应关系于1852年公之于世之后,很快就得到天文工作者的证实。

1859年9月1日,英国天文爱好者卡林顿观测到一个惊人的日面现象。

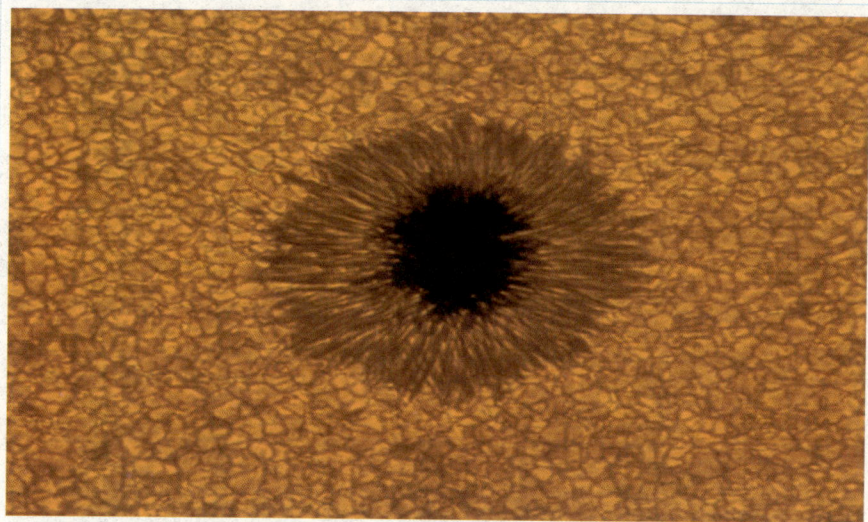

图94

图 95

人们为那种日面突然闪光起了个名字——"太阳耀斑"。（图 95）

多年以后，科学家们终于知道，太阳耀斑是日面上一种最为剧烈的活动现象。它的主要观测特征是在进行常规太阳单色光观测时，日面上（常在太阳黑子群上空）有时突然出现迅速发展的亮斑，其寿命仅仅在几分钟到几十分钟间，亮度上升较迅速，下降较慢；除了日面局部突然增亮的现象外，它更主要的表现是在从射电波段直到 X 射线的全波段辐射通量的突然增强，与此同时有大量高能粒子流和等离子体云喷发；在短短的一二十分钟内，耀斑可释放出高达 10^{26} 焦耳的巨额能量，对地球空间环境影响极大，其能量相当于地球上十万至百万次强火山爆发的能量总和。有的天文学家称太阳耀斑为日面上惊天动地的"爆炸"。

虽然太阳的能源来自氢核聚变，但耀斑本身却不是热核能。大多数物理学家认为，它的能量的确来自一种完全不同的能源——磁场。但是，太阳磁场的结构究竟如何？这至今仍是太阳物理学家们研究的太阳之谜之一。

太阳中微子

太阳热核聚变(图96)(质子—质子循环)过程中可产生巨额能量,其中有一种称为"中微子"的中性粒子,它是热核反应中的副产品。什么是中微子呢?让我们长话短说吧!

19世纪末,物理学家发现铀、镭等元素能够自动衰变,并在衰变过程中放射出3种射线。其中一种叫做β射线,它是一种带负电的、高速飞行的粒子流。起初,人们以为在β衰变过程中,原子核发射出一个电子,并且转变成另一种原子核。通过后来的精密测量和研究发现,所发射出来的电子携带的能量小于原子核释放出来的能量。换一句话说,原子核在衰变过程中有一小部分的能量丢失了。为此,人们投入了寻找被遗失的那部分能量的实验研究工作。

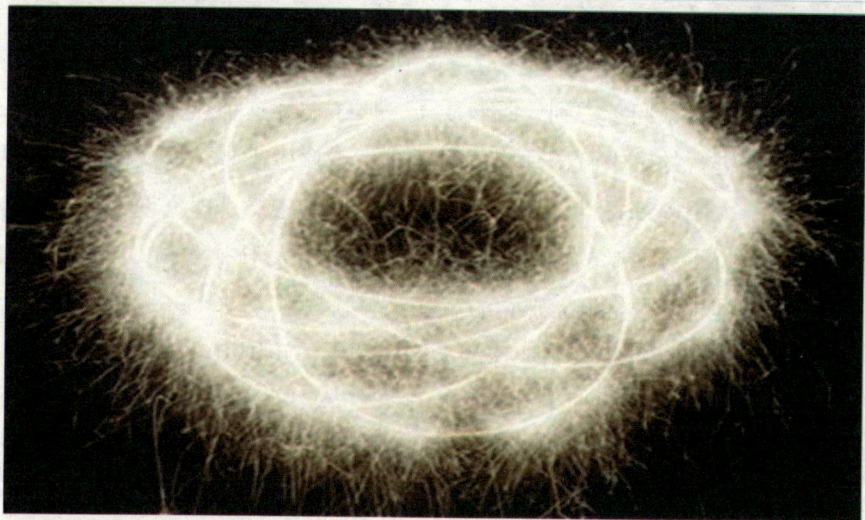

图96

　　1931 年，奥地利物理学家泡利提出，在 β 衰变过程中，原子核除发射出一个电子外，可能还发射出一种人们难以觉察到的、尚未认识的粒子，这种粒子的性质很"奇妙"，它不带电，呈中性，质量微小，几乎不跟周围物质发生作用。因此，人们无法观测到它们。泡利提出这一设想后不久，意大利著名物理学家费米把这种未知的微小粒子命名为"neutrino"，即"中微子"（图 97），意思是"中性小家伙"。中微子的质量很小，只及电子（质量为 9.11×10^{-28} 克）的几百分之一。在此后的近 20 年间，人们想了许多办法，终于在 20 世纪 50 年代找到了中微子。

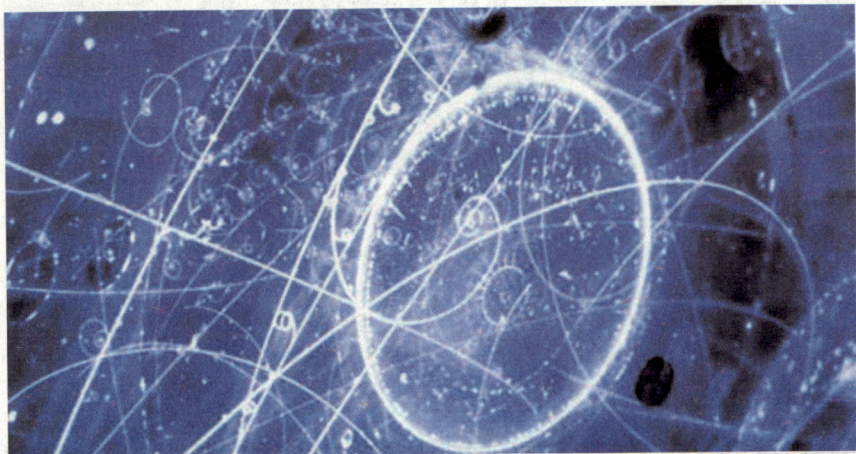

图 97

　　后来，科学家们考虑到，既然质子—质子循环这种热核反应是在太阳核心大规模进行的，中微子理应每时每刻大量产生出来。天文学家由理论计算得出，太阳内部每秒钟可产生 2000×10^{40} 个中微子。据说，每一秒钟倾泻到地面每平方厘米的面积上，竟有几百亿个太阳中微子！当它们从人的身体上穿过时，人是毫无感觉的。

　　1968 年，为了捕捉来到地球的太阳中微子，美国科学家戴维斯和同事们在美国的南达科他州地下的一个金矿里（深达 1500 米），设置了一个巧妙的"陷坑"。那是一个很大的钢箱，内装 38 万升的四氯化二碳（C_2Cl_4）溶液，当太阳中微子穿过钢箱时，就会发生下列核反应：

$$\overline{U} + Cl^{37} \rightarrow Ar^{37} + e^-$$

　　这就是说，一个原子量为 37 的氯原子在一个太阳中微子的打击下，会变成一个同样原子量的氩原子（Ar^{37}），并且放出一个电子（e^-）。氩是一个不稳定的放射性元素，它会不断地衰变。用计算机可以测量出核反应以后产生了多少氩原子，这样可以反算出中微子的数量。

　　为什么要到地下 1500 米深处去设置这样的"陷坑"呢？这是因为宇宙射线不能穿透这样深的地层，于是由宇宙射线产生的中微子可被排除在外。另一方面要说明的是，远远不是所有的中微子都能产生上述那种核反应。理论计算表明，总共要有 1.8×10^{35} 个氯原子，才能在一秒钟内捕获一个中微子。那个大铁箱子里共有 2.2×10^{30} 个氯原子，因此每天只能捕获 1.1 个太阳中微子。

　　上述实验从 1968 年开始，人们确实捕获到了来自太阳核心的中微子，但是，在人们还来不及庆祝这项成就的时候，就出现了问题。本来，科学家预计每天捕获 1.1 个中微子。可是，实际上每 5 天还捉不到一个！在排除仪器误差范围后，科学家们仍很失望。真奇怪呀！大量的太阳中微子（图98）为什么失踪了呢？它们到哪里去了呢？一些科学家认为，既然不是因为测量方法和仪器的误差造成的，那么现有的太阳中微子产生理论有漏洞，或者说人们对太阳内部结构和物态的了解可能有严重差错，或者说人们对

图98

中微子本身的认识值得怀疑。此外，日地距离长达 1.5 亿千米，中微子以光速飞到地球需 500 秒钟，在这段时间内，它本身也许会衰变。有的学者甚至认为，原先的太阳产生能量的理论从根本上就错了，即太阳内部进行的是另一种方式的核反应，这种我们还不熟悉的核反应所产生出来的中微子（图 99）并不多。就这样，出现了所谓的"太阳中微子失踪案"。

图 99

从那时起，30 多年中，各国科学家在这一领域中做了大量探索工作，但这一科学悬案始终未解决。

例如，1990 年，在日本神岗金属矿的一个研究小组，他们用以水为基础的探测器再次发现了这种太阳中微子"亏空"在他们的实验中，仅测到预计中微子数量的一半。1991 年，高加索贝克逊实验室的"苏（苏联）-美镓实验小组"（SAGE）提交了他们的实验结果，按标准的太阳模型，预计镓探测器能俘获 125 个至 132 个太阳中微子单位 SNU（即每个靶原子每秒俘获 10 ~ 36 个太阳中微子，规定为一个 SNU）。据 SAGE 报告说，探测到了 20SNU，这个值与预估值相比，相关性很大。

1992 年 6 月，于西班牙格拉纳达召开了一次国际中微子会议。意大利格兰塞索的一个地下镓实验小组格雷克斯（GALILEX）的实验结果，是人们原先抱有很大希望的，他们在会上宣布，经过 295 天的实验，格雷克斯已探测到了80SNU，其统计误差为19，而系统误差为8，这一结果与标准太阳模型对质子—质子循环产生中微子的预计为74SNU很接近。此结果在大会上引起了轰动，可以说是有人惊奇，有人兴奋，有人狼狈，也有人迷茫。

据现代关于太阳中微子的所谓"MSW"假说认为，中微子具有非常小但不是零的质量，这导致太阳中微子在它的3种已知类型（即电子型中微子、μ型中微子和τ型中微子）之

图100

间振荡。电子中微子作为3种中微子中的一种，能够产生"振荡"，转变成μ介子中微子或τ子中微子，从而躲过某些探测器的探测。日本神岗的装置也成功地测到了一些μ介子和τ子中微子，而这是戴维斯装置、"SAGE"和"GALLEX"都不能测到的。所以说，GALLEX的实验结果还远未能解决太阳中微子的失踪问题。人们不得不期待着新一代的太阳中微子（图100）探测装置的实验结果。

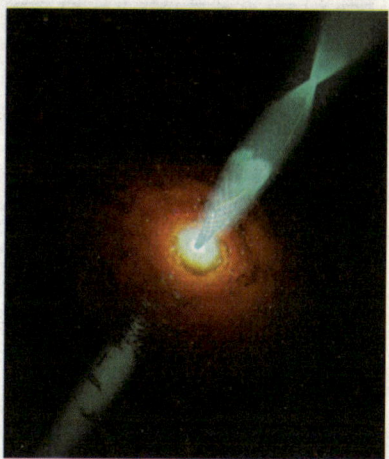

水 星 ▶▶▶

从地球上望去，水星出现在天空上的太阳附近，经常淹没在太阳的光辉之中，因此即使在有利条件下，人们也只有在夕阳余晖中或黎明时才能见到它的身影。

正因为人们很难与水星见面，所以对它的了解一直不多，就连它的自转周期，也是直到1965年才确定的。

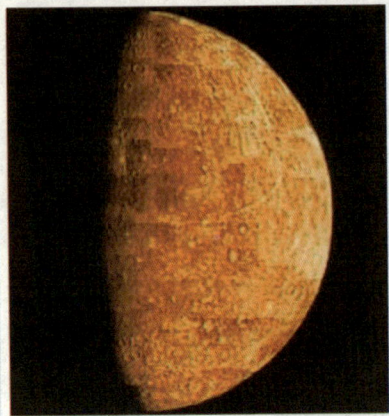

图 101

水星（图 101）在天空有多亮？天文学家用星等来表示天体的亮度，星愈亮，星等的数值越小。星等每相差一等，亮度相差 2.512。这是一颗比较难以观察到的行星，据说，提出太阳中心说的波兰天文学家哥白尼，一辈子都没有见过水星。这是因为它离太阳很近，从地球上看起来，它与太阳之间的角距离很小，从不越过 28°，经常淹没在太阳光辉中，自然就很不容易看到它了。想看到水星，得掌握它的出没规律，最好的机会是当它春季时适逢"昏星"，秋季时刚好是"晨星"。

正因为如此，在很长的时期里，我们对它一直知道得很少。有人曾报道说看到了水星面上的高山等地形，这完全是不可能的事，不符合事实。即便是水星自转这么一个问题，直到 20 世纪 60 年代才得到解决。水星绕太阳的公转周期是 88 日，这是众所周知的，可是，人们一直错误地认为它的自转周期也是 88 日。

水星离太阳很近，只有约 5800 万千米。它是否是离太阳最近的行星，它的这个身份曾受到怀疑。事情是由水星的轨道运动引起的。我们曾经说过，行星环绕太阳运动的轨道是个椭圆，这样说是没有问题的。如果说得严格一点，那么，行星之间也存在着万有引力，在相互引力的作用下，行星轨道就不再是严格的闭合椭圆，而是一条与椭圆十分接近的、其长轴在空间不断移动的、非常复杂的曲线，其结果是行星轨道近日点有规律地改变着位置。被称为行星轨道近日点运动的这种现象，各行星都有，而以水星的近日点运动最为明显。

这是怎么回事呢？一种意见认为，水星轨道的内侧还存在一颗尚未发现的行星，是它在影响着水星的运动，得不到解释的 43″ 37 的水星近日点进动该由它来负责。设想中的水内行星还没有被发现，它已经得到了一

无边无际的宇宙

个名字——"伏尔坎",我国把它译为"火神星"(图102)。

万有引力定律所解释不了的水星近日点进动现象,已由爱因斯坦于1916年发表的"广义相对论原理"作出可信的解释,算出的理论值经过改进,得出的43″03已经与上述的43″37非常接近,也就是说,水星近日点进动的问题基本上得到解释,反过来,水星近日点进动得到解释这件事,很自然地成为广义相对论的最有力的科学验证之一。

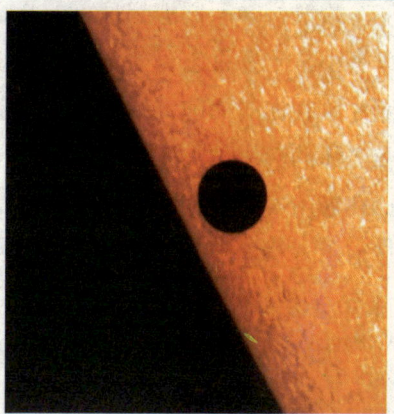

图102

尽管如此,现在每逢日全食时,有的观测队还是抱着一丝希望把寻找"火神星"作为观测项目之一。

我们现在所掌握的水星情况,尤其是它的物理情况,绝大部分都是从20世纪70年代以来得到的。为此立下了赫赫功绩的行星探测器是"水手10号"(图103)。这颗在哥白尼诞生500周年时,即于1973年发射的探测器,是迄今为止探测过水星的惟一探测器。

图103

　　最使科学家们感到惊讶的是，水星表面布满着密密麻麻的环形山，有大有小，千姿百态，完全可以与以环形山著称的月球相媲美。如果有两张照片放在你的面前，一张是水星的，另一张是月球的，你要是不太熟悉这些天体的话，你大概很难把它们区分开来。实际上差别还是很明显的，月球环形山一般都在高地，而水星环形山则比较密集在平原区；另外，月球环形山直径在数十千米以上乃至超过百千米的不少，而水星环形山直径超过 20 千米的就不那么多，更不要说更大的了。

　　水星的直径只有 4800 千米，只及我们地球的 38%，以大小排列的话，它是倒数第二。水星表面的一个特大地形构造，是位于赤道附近的"卡路里"盆地，直径约 1400 千米，周围是高约 2 千米的环状山脉，它很可能是由一次非常猛烈的陨星撞击而形成的。

　　探测器还告诉我们，水星（图 104）上不存在大气，如果要说有的话，那么它的稀薄程度一定比我们地球实验室里制造出来的真空还要"真空"得多。它表面上根本看不到任何曾被浸蚀过的痕迹和证据，表明它也不存在水。水星离太阳不远，又缺乏空气和水的调节作用，它的表面一定是非常热的。在它公转和自转的过程中，太阳光直射处的温度可达到 700K，夜晚则温度下降到 100K 左右。卡路里盆地离水星赤道不远，按理应该是个

图 104

酷热的地区，有人甚至说它很可能是太阳系里温度最高的地方。

"水手10号"虽然三度飞越水星，但基本上都是从水星表面的同一个地区上空飞过的，因此，已被探测过的水星表面只有约37%，对于全面了解一个天体来说，可以说是少了点。我们期望下一批水星探测器能为我们送来更多、更能说明问题和更有价值的资料和信息。

金 星 ▶▶▶

金星，我国古代称之为太白金星。这是因为它是我们在夜空中用肉眼能看到的最明亮的行星，最亮时星等可达 –4.4，除了太阳和月亮外，它是全天最亮的白色星。

金星（图105）比地球距太阳近，约10 820万千米，它绕日公转一周需224.70天。有趣的是，它的自转周期竟长达243.02天，比它的公转周期还长；也就是说，金星上的一天比一年还长。金星的许多方面与地球类似：它的直径为12 103.6千米，约是地球直径的95%；它的平均密度与地球接近，仅小5%；它的质量是地球的82%，它的逃逸速度是地球的93%；它也像地球一样，被一层厚厚的大气包裹着。正是这层大气，像一层厚厚的面纱，掩盖了金星的真面目。直到1954年，人们还认为金星上存在着海洋。

人们不明白，同是太阳的儿女，为什么会出现金星这样的"逆子"？至此，金星这个蒙面星球，又被重重涂上一抹神秘的色彩。

图105

为了揭开金星这个"蒙面逆子"的面纱，人们注入了极高的热情，20世纪60年代以来，人类发射的行星探测器的第一个飞行目标就是金星。自1961年苏联发射了第一个金星探测器"金星1号"以来，飞往金星的探测器络绎不绝，总计有20多个。由此，金星的真面目被一点点揭开。

金星的大气层厚重、浓密而奇特。今天，我们知道金星大气的主要成分是二氧化碳，达97%以上，低层可能达到99%，约有3%的氮，其余像水蒸气、一氧化碳等都只是很少的一点。浓密的金星云层主要集中在100千米以下的大气中。特别值得一提的是在金星表面上空三四十千米的范围内，密布着的浓云是由浓硫酸雾组成的。

金星大气（图106）中可以说是很不平静。在金星表面附近，大气环流的速度大体上是1米每秒上下，可以说是"风平浪静"。但随着高度的增加，风速迅速上升，在60多千米的高空中，风速已递增到了吓人的程度，约100米每秒！我们知道，地球上12级台风的风速也只是32米每秒多。而且大气中的闪电和雷暴现象频繁，其规模之大、之惊人是我们地球上闻所未闻的。苏联于1978年9月发射的"金星12号"行星探测器，在当年12月25日到达金星区域后，向金星发送了一个着陆器。当着陆器在大气中下降时，在很短的一段距离内，竟接连不断地记录下了上千次闪电，还

图106

图 107

记录到了一次长达一刻钟的长时间闪电。

尽管金星大气已把大部分太阳光给反射了出来，剩下的部分穿过大气后，在金星表面日积月累，使得表面附近的温度明显地升高。另外，二氧化碳（图 107）对于光线来说是透明的，而对于热辐射来说则是不透明的，表面附近的热辐射就无法散逸到太空去，使热量在表面附近进一步积累起来。这就是所谓的"温室效应"。金星大气中的二氧化碳是如此之多，由此产生的温室效应将是非常突出的，而且表面温度的递增和温室效应的加剧将形成恶性循环，最终使金星表面达到任何生物都难以承受的高温。金星探测器所得到的信息告诉我们，那里的温度一般都在465℃至485℃之间，而且基本上没有昼夜、季节和纬度高低之分。

就整体来说，我们地球所含的二氧化碳的量与金星的相当，问题在于地球大气中的二氧化碳含量很少，只有0.033％左右，主要还是地球表面温度不高，与金星相比相差非常悬殊，地球上的温室效应就不会对地球上的生物构成致命的威胁。即使如此，尤其是最近半个世纪到一个世纪以来，由于温室效应等因素而使地球似乎有缓慢变暖的趋势，已愈来愈受到科学家们和世人的关注。

所以，从长远观点看问题的话，随着人类愈来愈多地使用各种燃料，产生出愈来愈多的二氧化碳，不仅大气中的二氧化碳比例会有所增加，大气温度也会呈继续上升的趋势，这对于地球生命来说可不是件好事。目前还一直被牢牢地禁锢在地球岩石中的大量二氧化碳，岂不是有被逐渐释放出来的危险吗？这决不是杞人忧天，也不是危言耸听，而是要求人类意识到危机的存在。

图 108

奇特的地貌

可以说，地球基本上是两种地形，海洋和陆地。海洋的最深处——太平洋的马利亚纳海沟与地球上的最高山峰——珠穆朗玛峰（图 108），两者相差约 20 千米，但平均说来，海洋和陆地相差约 4 千米。用地球这把"尺子"来衡量金星的话，金星实际上只有一种地形，它表面的地势相当平坦，尽管金星上面也有些很高的山峰，甚至比珠穆朗玛峰还高，但高地和低地平均只相差 1 千米左右。金星表面的 70% 多是起伏不大的平原，比较低洼的地方约占 20%，其余的 10% 左右是高地。所谓高地，实际上也比平均表面高不了多少。

金星上的高地主要是两大块，在北半球高纬度地区的是"伊希太高原"，面积有澳大利亚那么大，它比周围地区平均高出四五公里。高原的东面是著名的麦克斯韦山脉，其最高峰高达 12 千米，雷达探测的结果证实它的顶端是个圆形的大环形山口，直径达 80 千米，很多科学家相信它是在金星历史上某个时候由于陨星的撞击而形成的。

　　另一处高地在南半球，离赤道很近，而且基本上与赤道平行，被称为"阿芙洛德高原"。它东西长约 9700 千米，南北宽约 3200 千米，面积大体上与非洲相当。高原的东西两侧都是山地，本地区的最高峰是在西侧，高约 7 千米。此外，另有一块小高地，它位于"阿芙洛德"的西面和"伊希太"的南面，在赤道稍稍偏北的地区，被称为"贝塔区"。这里有两座很大的火山，其中一座的直径约 700 千米。如此巨大的火山口（图 109）在太阳系其他天体上也不多见。根据探测器所得到的信息，科学家们相信可能这是两座活火山。

图 109

　　金星上的另一处大地形是大裂谷，它长约 1200 千米，南北走向。此外金星上也有一些山脉和一定数量的环形山。1989 年 5 月发射成功的"麦哲伦号"金星探测器预定对金星进行为期 5 年的探测，所摄图像的分辨率可以达到 100 千米至 200 千米，它发现的一批环形山多数为陨星撞击口，而地球上的这类撞击口相对来说比较少，这是很可以理解的，由于地壳运动和侵蚀等作用,这些撞击口早已被破坏了。由此可见,金星表面的地质年龄要大于地球。科学家们相信,金星周围的浓密大气层很可能把相当一部分陨星都"挡驾"了,尤其是那些较小的陨星,所以,他们认为金星表面似乎不大可能存在直径小于 8 千米的撞击环形山口。

金星的卫星哪里去了

到目前为止,人们已经发现太阳系内有 67 颗卫星,但人们又一致认为,水星和金星上没有卫星。不过金星上曾经有过卫星。

继卡西尼的发现之后,又有许多人就金星卫星的位置、亮度、轨道根数、距离金星的半长径、绕转周期等问题进行观测研究,发表了他们的观测资料。直到 1764 年,还有人发表观测金星卫星的文章。

可到后来,尽管人们的观测(图 110)技术比以前观测仪器都有了很大提高,却再也没见到这颗金星的卫星,它神秘地失踪了。

图 110

由于长时间找不到这颗卫星,有人便怀疑卡西尼的发现。但卡西尼在天文学上的卓越贡献,又使人们不愿意这样怀疑他。因为自他发现金卫后,还有许多人的旁证,简单否定卡西尼的发现是不客观的。

那么假如金星确实有过一个卫星,这颗卫星跑到哪里去了呢?什么时候离开金星的？什么原因离开金星的？这些都是留给人们的问号。

金星上发现同地球上相同的电波

在地球上，雷放电时将产生 100 赫兹左右的超低频电波。美国发射的"先驱者——金星号"探测器发现在金星一侧的电离层里，有同样的超低频电波。美国宇航局戈达德航天中心的格雷波乌斯基领导的一个小组，将金星的电波与地球极区的电离层（图 111）内发生的超低频电波做了比较，结果发现，二者有很多相似之处：发生的场所都在一侧的电离层，在这个场的磁力线方向都是放射线形状，电波所持续的时间都短于 1 分钟。

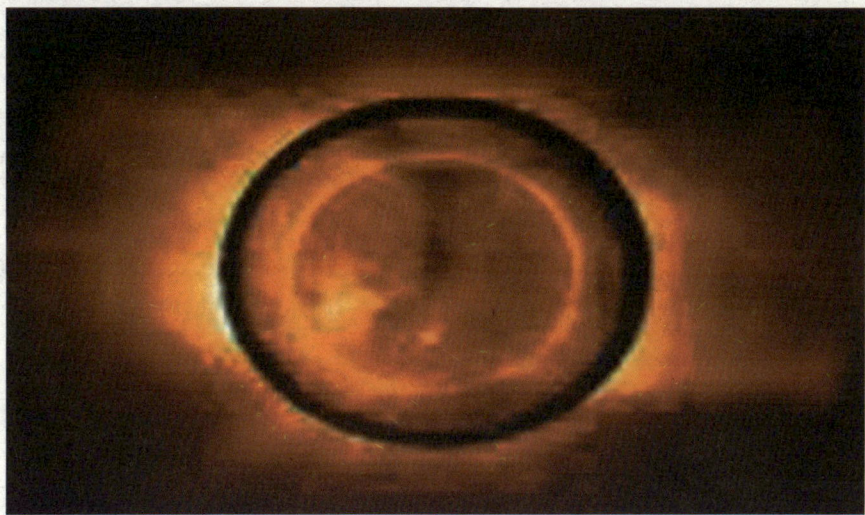

图 111

该小组根据这种现象推测：金星电离层的超低频电波与地球极区电离层的超低频电波有相同的机制，也许金星的超低频电波就是金星电离层内雷放电的结果。它的真面目还没有被真正揭开，还有待科学家们做进一步的探讨和研究。

金星大海今何在

因金星同地球有相似的自然条件，它和地球的大小、质量和密度都差不多，同时还有含水汽的大气。所以人们推测，金星上可能有大海，如果有大海的话，就可能有生物存在。可由于在20世纪70年代，苏联的"金星号"系列飞船在金星上着陆，推翻了金星上有大海的假说，尽管金星上有许多与地球相似的地貌，如平原、峡谷、高山、沙漠。可人们对金星上的大海并不死心，到了80年代，这一问题又被提了出来。

美国密执安大学的科学家多纳休等人，在波拉克·詹姆斯的基础上，又提出了新的看法。他们认为，太阳的早年并不像现在这样亮和热，太阳每秒的辐射热量要比现在少百分之三十，金星的气候也就不像现在这样热了。适宜的气候，大海也就应运而生，生物也就有可能在大海里繁衍生息。可后来，太阳异常的热了起来，加上金星一天等于地球117天的缓慢运转，经不起烈日的酷晒，金星上的大海就这样被烤干了。

图112

后来又有人对金星大海提出了不同的看法。美国衣阿华大学的科学家弗兰克认为，金星根本就没有存在过大海，经金星探测器的探测表明，金星大气是由不断进入大气层的彗星核造成的。1986年空间飞船通过对哈雷彗星（图112）的探测表明，彗星核的主要成分是水冰。

看来，金星上有没有大海存在过的问题，又成了一个意见不统一的未解之谜。

地球形成新假说——地漂说

说起地球，似乎我们最为熟悉不过了，我们的衣、食、住、行都在地球上，天天起床后脚踏地球，上床后睡在地球上。我们吃的、用的都是地球上出产的物品。然而，人类虽然生活在地球上，却并没能完全了解她。比如地球形成过程如何？地球的内部到底是什么状态？地球未来的前景如何等等，人们还不能给出十分确切的答复。但随着科技水平的不断提高，人们认识能力的不断深化，目前已有更新的假说提出，也有更新的发现提出，从而使人们又进一步揭开地球之母的层层面纱。

利用资源卫星发现，在地壳下2900千米处可到达地核，地核是由铁镍元素组成，地核直径达3400千米之长。地壳厚度约15～80千米。海洋底部的地壳厚度就更薄，为2～11千米。德国科学家古登堡还利用地震波的方法发现地幔厚2900千米，地核是液态的，温度达6000℃左右。

图113

就是这样一个半扁圆形的球体，其半径为6357千米，赤道半径为6378千米，两者差21千米，地球运转不止，随着太阳旅行在茫茫的宇宙太空中。那么地球是否还有未认识到的神秘面纱呢？有！最近美国哥伦比亚大学科学家通过研究地震资料证实，地球的铁镍核心比其他部位自转的要稍快一些，这一发现对研究地球起源、磁场生成等课题极有好处，也支持了地漂说（图113）。

关于地球内部、地表水下、地球上空的更多谜题（如地震、火山真正根源、百慕大魔鬼海全部真相、西南大西洋上空的电子陷阱之谜等等奥秘现象）还等待我们进一步去探索、去揭示。

地球寿命知多少

图114

地球在宇宙中的寿命到底有多长呢？如果以过去天文界的估算来看，太阳已有约50亿年历史，现在是中年，有人认为再过约50亿年太阳的氢燃料将逐渐燃尽可变为红巨星（图114），最后变成白矮星或黑洞，到那时，地球也就被吸引过去而寿终正寝。实际上按这种逻辑推算，由于地球上环境的变化，温度的升高等因素的影响，地球上的生物和人类的寿命远远达不到 50 亿年的期限。然而，这仅仅是按天文界常规知识推算的结果。如果再考虑地球本身旋进轨道的变化，地球上人类自身造成的种种不利因素的影响，恐怕地球的寿命和地球生物与人类生存的寿命还会大大缩短。

地球的阳寿有多少？人类安全地在地球上到底能生活多久？地球到最后将以何种形式了结其"生命"呢？科学家们对此作出了如下的推测。

①冻化说

其推理是：太阳不断地向空间倾泻热量，它的能量将逐步减少，温度及光度将不断下降，最终便会熄灭。在太阳逐渐走向熄灭的过程中地球也将随之冷却，寒冷地带不断扩大，海水不断冰冻，生命相继灭绝。最后，地球将会以"冻化"状态存在于冥冥的宇宙中。这个时间按天文学推测约 50 亿年，那时太阳寿数已尽，将变为白矮星或黑洞。

②长寿火化说

他们的解释是：太阳之所以发出强光和强热，是以它的氢核聚变（图 115）的形式不断向外辐射能量的结果，大约每秒钟耗损 400 万吨的物质。当大部分氢燃料耗尽之后，其他的元素将会接替其聚变反应，而且所产生的能量将远远高于氢核聚变而扰乱太阳的内部，因此太阳的外壳将剧烈膨胀，这样，总有一天地球会被极度膨胀的太阳吸引进去而消失。

图 115

不过科学家指出，地球可能被"火化"的时间距今尚有大约 100 亿年。地球可谓是长寿星。

③短寿火化说

有人对地球的真正可持续的阳寿进行了研究，通过对地球的公转运动轨道分析后得出结论，地球公转轨道将以螺旋线方式逐渐接近太阳，于是地球上的温度将逐渐增高（其原因是吸收太阳辐射能逐渐增大，而非由于地球大气层温室效应单一原因所致），这样，地球上的温度很快就会达到金星上的高温（"很快"概念是从天文时间概念出发），这样地球上的植物、动物乃至人类最后必遭祸殃。

如此说来，人类探索到宇宙太空中生活或到其他星球上生活的行动就是天经地义的事情了。上述情况以及其他方面的事变，可能引起地球人类灾难。

地球人类将面临的潜在危险

①地球温室效应

我们已经知道，地球是以"螺旋形"轨道（图116）慢慢地向太阳靠近。地日间的半径直线距离慢慢地缩短。因为地球越靠近太阳，受到太阳的辐射强度越大，使地球的表面温度也不断地增高。如果按100年／秒差计算，地球1亿年的公转运行轨道将缩短大约3000万千米，现在地球公转轨道的

图 116

周长大约9.42亿千米，1亿年后地球公转轨道周长大约9.1亿千米。从地日间的时间关系（大约31亿年）计算，地日间的半径直线距离将缩短到大约1.45亿千米，约缩短500万千米。

也就是说人类活动所造成的"污染"对地球环境的影响是很微小的。但是自然产生的"危害"是人类永远征服不了的。

②地球磁场颠倒（图117）

地球南北磁场的颠倒是一定的了。这实际是物质运动的一种形式，

图 117

是人类无法征服的。磁场的颠倒与天体的自转、公转的意义是相同的。就是说一个天体在形成初期它的磁场就开始不停地颠倒运动了。直到这个天体灭亡，磁场运动也就消失了。例如，地球在它形成的那一天，它的磁场就开始颠倒运动了。这种周而复始的颠倒运动直到地

球被太阳吞食后才最终结束。地球的两磁场运动路线是什么样的呢？有人认为应当是两磁场才离开两极点向对应极点运动；即北磁场离开北极点向南极点运动，南磁场反之。也有人认为是两磁场慢慢接近两极点。即北磁场在慢慢地向北极点运动，南磁场反之。这两种情况哪一种是正确的尚不知道。因为在所能看到的资料中没有报道。相信科学界有所观测。

两磁场的运动是必然要经过两极点的，这是天体的一种自然运动规律，如果两磁场的运动是接近两极点形式，那么若干年后地球的两磁场到达两极点后，运行规律就与今天金星的运行规律一样，现在金星的S、N两磁场就与它的两极点相重合。不同的是地球不会逆转绕太阳运行。当然，地球到这种现象出现的时候，从现在开始是需要很长时间的。随着两磁场的运动，地球的自转速度逐渐减慢。地轴与地球轨道面 $66°33'39''$ 的夹角将逐渐加大。磁场与极点重合后，地轴与地球轨道面的夹角为 $90°$ 。这时地球上将没有四季之分，基本上昼半年、夜半年。人类在这种条件下将如何生活呢？

图118

地磁场（图118）不停地运动随后又离开极点。地轴又开始倾斜，自转又逐渐加快，四季现象又逐渐出现，这就开始了磁场运动形式。随着两磁场的对应运动，地轴与地球轨道面的夹角逐渐缩小。两磁场逐渐靠近赤道，当与赤道重合后，这时的地球运行规律与现在的天王星一样（现在天王星的两磁场就在赤道两侧）。那时地球的自转速度比现在快，也将没有四季之分，基本上昼半年，夜半年。

随着两磁场不断运动将会又出现"正常"。地磁就这样周而复始的运动着并迫使地球的姿势有规律地变化着。当然还有许多细微的自然条件也将影响地球的变化规律，如地磁的逐渐增强、向太阳逐渐靠近、太阳磁场和辐射对地球的影响等等。地磁的自然运动今后将需要多长时间会给人类生活带来危害？要解答这个问题，只要测得磁场的运动速度和路线即可。

运动速度和路线两种情况无论哪一种是现在地磁的运动形式，我们都可以算出将给人类带来危害的大约时间。

我们观测地磁运动（图119）速度的最佳方法是：只要测得南、北回归线的移动速度即可得知。这会出现两种可能：一种是南、北回归线将会逐渐与赤道重合；另一种是南、北回归

图 119

线将逐渐与南北两极点重合。求得运动速度后再测得磁场的运动路线即可算得再过多少年地球会出现危害人类的"姿势"。因为现在不知道地磁的运动速度和路线，所以无法预测地磁颠倒大约什么时间会给人类带来危险。也有人认为"磁场颠倒"的说法是不完全正确的，因为随着南、北磁极的运动，南极、北极也在运动，当南、北磁场运动到赤道时，地球的自转轴就与地球轨道面重合。当南、北磁场继续运动到与两极点重合后，南、北极点就颠倒过来了。不过南、北磁场位置不变。或者说从某种意义上讲磁场运动一圈，极点运动半圈。

③月球撞击地球（图120）

月球是颗与其他星球基本一样的"自然天体"。不同的是它体积比较小，没有千姿百态的"自然景色"。

它也像地球一样以"螺旋形"运行轨道慢慢地向地球靠拢。在此需说明一点：在宇宙物质空间，无论大小天体都在围绕着各自的中心运行。这

图 120

种运行有两种形式：一是螺旋形由快变慢逐渐远离中心；二是螺旋形由慢加快逐渐靠近中心。只要明确了月球也是颗自然天体以后，它今后给地球带来的灾难是无法避免的，人类是永远征服不了的。它从今往后还需要多长时间"光临"地球呢？只要用计算公式算一下即可。

月球的公转轨道周长：

38（万千米）× 2.14 ≈ 238.64（万千米）≈ 0.023864（亿千米）

地球的赤道周长：

6378.19 × 2 × 3.14 ≈ 4.0076（万千米）≈ 0.00040076（亿千米）

月球每秒运行速度大约：

238.64（万千米）÷ 237.6（万秒）≈ 1（千米／秒）

因为我们不知道月球确切的秒差时间是多长，下面按1000月一秒差算：

$$亿月／秒差 = \frac{1}{1000} = 0.001（亿千米）$$

$$Y = \frac{0.023864 - 0.0040076}{0.001} ≈ 23.46（亿月）≈ 1.8（亿年）（不含加速度）$$

如果一年按 12 个月计算：

如按 2000 月／秒差计算也不过是 1.8 × 2 = 3.6 亿年左右。

将来月球撞击地球的可怕景象尚想像不出来。总而言之，到那时地球上所有的生物都将遭到致命的打击。

这三个潜在危险是地球今后必然要经历的。人类将来科技逐渐发达了，能不能征服这些危害呢？也许"温室效应"人类能尽力去征服，让它尽量到来的慢一点。另两点人类是永远无法征服的。也就是说：人类从今往后 5 亿年之内将受到三大危险的考验。

火 星 ▶ ▶ ▶

在长期的观测实践中，人们一直被它的运动所迷惑，因为，有时候看起来它在星空背景上由西向东移动着位置，被称为"顺行"，有时则是自东向西"逆行"，在从顺行变为逆行或从逆行变为顺行的时候，它又好像是停留在原来的位置上不动。在还不能正确解释火星运动中的这些现象时，

图 121

我国古代劳动人民把它叫做"荧惑"，那是很有道理的。

火星（图 121）是地球轨道之外的第一颗行星，也是人们谈得最多的行星之一，尤其是 19 世纪 70 年代以后的半个多世纪中。主要的原因大概是它在某些方面与地球有相像之处，以及传说存在"火星人"。

尽管火星离太阳是地球的 1.5 倍，得到的太阳光和热自然也要少一些，它的直径也只有地球的 0.532 倍，质量更小，只及地球的 0.107 倍。我们地球只有一颗卫星，火星有 2 颗，不过都很小。然而，不可否认的是火星在一些方面确实与我们地球有点相像或相似。

大 气

英国天文学家赫歇耳在 18 世纪末之前已发现火星是有大气的。确实如此，火星的大气压强只及地球海平面上大气压强的五十分之一，或者说其稀薄程度大致相当于地球高空 30 千米至 40 千米处的大气压。火星大气的（图 122）主要成分是二氧化碳，约占 95%，氮约占 3%，其他还有少量的一氧化碳、氧以及氢和臭氧等。火星大气中的水分极少，平均只及其大气总量的万分之一，如果这么点水分全部凝结成液态水的话，大概只能在火星表面均匀地盖上 0.01 毫米厚的薄薄一层。

113

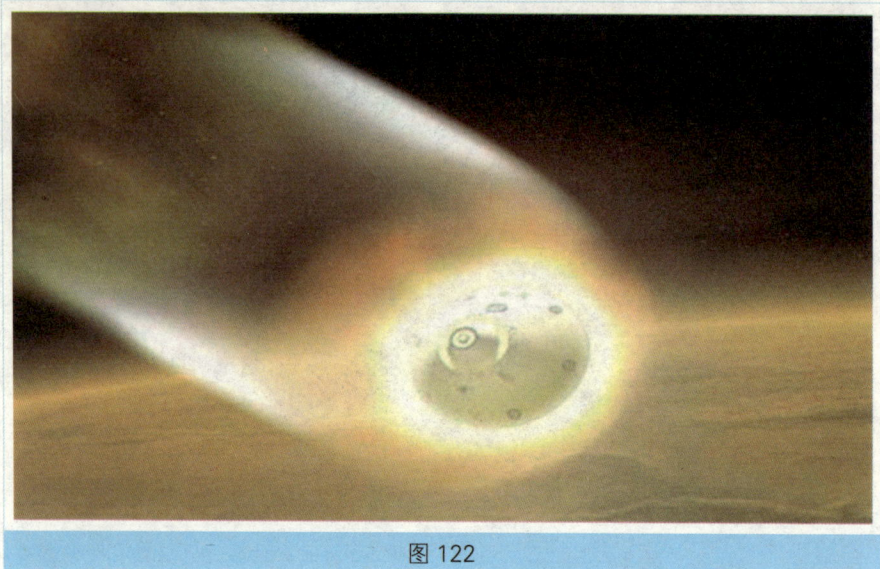

图 122

水

探测器确认，极冠中除了水和水冰之外，还存在由二氧化碳气体在极低温下凝结成的冰——干冰（图 123）。极冠所保存的水要比大气中的多得多，据估计，如果极冠中的冰全部融化成水，而且均匀地洒在整个火星表面上的话，大概可以形成厚达 10 米左右的水层。

也有人相信，在高纬度地区的火星表层以下，有可能存在着大面积的冰层，有点像是地球上的冻土层那样，冰层里自然保存着不少的水。至于其他的地区，如果有水的话，那更是得蕴藏在地表以下。据推测，有些地方表面下的风化层可厚达 1 千米，其间布满着大大小小的缝隙，是储存水的理想场所。

图 123

不过，如果你拿一张火星照片来看的话，你看到的只是一片荒凉，不存在任何形式的水。

温　度

火星离太阳比地球要远些，得到的太阳光和热要少些，它的表面温度要比地球上低得多，平均要低 30℃ 或更多些。加上火星大气非常稀薄，大气的保温作用极差，它表面的昼夜温度可相差上百度。如此大的温差我们是难以适应和无法忍受的。

从另一角度来说，极冠在夏天时缩小，说明那里的温度有可能达到 0℃ 以上。尤其是赤道地区，夏季午后温度最高时，据说可达到 20℃ 以上。

四　季

我们地球的这个角度，也就是一般所说的"黄赤交角"是 23°5′，火星是 24°，两者差不了很多，而火星的自转情况也跟地球差不多，它的一天比我们地球的一天长半个来小时。大概说来，地球的一年是 365 天，那么火星的一年是地球的 1.8 倍多。换句话说，它的一个季节是地球上的两倍不到。

正因为火星（图 124）在好多方面跟地球相像，人们一直在问：火星上有生物吗？有"火星人"吗？ 1877 年，意大利科学家斯基帕雷里发现了火星表面的一些特征，很快就传开来说是发现了火星表面的"人造运河"，把许多人对于火星"生物"的兴趣推到了最高潮。

图 124

首先是着陆器的降落地点是经过选择后确定下来的，被认为是有较大希望找到生命的地方。两个着陆器各自独立进行了多项事先安排好的科学实验，目的只有一个，那就是寻找火星上是否存在任何形式的生命现象。结果是否定的，在两处降落地的土壤中没有发现与生命有关的任何迹象，也没有发现有机分子之类的物质。我们知道，在地球上，生命大厦的基础是有机分子，火星上连低等和原始生命都没有，何来高等生物呢？

图 125

也有持不同意见的，认为着陆器的机械臂只能抓 12 平方米范围内的土壤，而且两处降落点是否具有代表性，也是可以探讨的。这么个小范围内没有找到生命，不等于别的地区也一定不存在生命，尤其是两极地区，那里有比较充分的水和一定的温度。

除了火星上的生命问题之外，探测器所提供的其他信息也是丰富的，特别是关于火星表面的情况。

火星表面（图 125）是最容易引起人们注意的地貌，无疑是那些蜿蜒曲折的干涸河床。大河床及其各条支流所形成的脉络分明的水道，在火星上真还不少。

最长的河床达 1000 多千米，宽 60 多千米甚至更宽些。可以设想，在这些大小河流都充满着浩淼大水的时候，那里一定是一幅十分诱人的风光。

这些河床就是许多人描述的火星"运河"吗？否！所谓运河，意思是指人造的，即由所谓的"火星人"开凿的，实际上，这些河床都是天然形成的。另外，它们比较集中在火星的赤道区域，而过去所描述的所谓运河几乎遍布整个火星表面。那么，火星上的什么地形使得那么多的人在那么长的时间里，都以为是"火星人"为灌溉土地而开挖的运河呢？有可能是这样：火星上那些陡峭地形，再加上那些排列成行的大小环形山口，在不那么清晰的能见度的情况下，或许还应该加上一些希望在地球之外找到生物的心理因素，造成了人们以为这是"运河"的错觉。

火星上最壮观的地形之一，无疑是它的巨大峡谷（图 126），由"水手 9 号"行星探测器发现的一个大峡谷被命名为"水手谷"。它是由一系列峡谷组成的峡谷系，全长 4000 来千米，宽 200 千米以上，深六七千米。如此壮观的地形构造在包括地球在内的太阳系其他天体上也很少见。号称

图 126

"大峡谷"的美国西南部科罗拉多河大峡谷，从支流巴列亚河口算起，向下游延伸达440千米，深1830米，比起火星上的"水手谷"来还差得很多。

火星上有不少环形山，其中不乏直径在百千米上下的大环形山口。一个有趣的现象是由火山爆发形成的环形山口，相当一部分集中在接近赤道的北半球低纬度地区，而那些由陨星撞击形成的环形山口似乎存在向赤道以南地区集中的倾向。总的说来，火星上的环形山数量比不上月球，但在某些地区，火星环形山的密集程度与月球上环形山最密集地区没有多大差别。

图127

在这些众多的环形山（图127）中，有一座被命名为"奥林匹斯"的环形山是不能不提的。这是一座很大的环形山，它的基底直径达五六百千米，火山口高出周围地面20多千米，火山口直径约60千米。据认为，火山爆发时，大量的熔岩从火山口向外喷发，沿着山坡往下流动，在火山周围形成辐射状的地形，从拍摄的火星照片上，我们可以清晰地看到熔岩遗留下来的这些痕迹。

从伽利略用望远镜观测火星算起，已将近4个世纪。我们对火星的认识确实大有进展，但尚未解决的大大小小问题可以说仍有不少，比如：

火星表层究竟是由什么组成的？

火星上究竟有多少水，它在哪里？

火星气候在一年间如何变化？

火星极冠的真相如何？

火星的内部构造怎么样？

火星的磁场怎么样？

载人和不载人的着陆器的最佳着陆点应该选择在火星上的什么地方？

火星极冠区或地层深处有希望找到生命痕迹吗？

为此，一系列的火星探测器将肩负着不尽相同的任务先后飞向火星，在取得足够的信息和确有把握后，在 21 世纪的某个年代里，火星上将出现宇航员的身影。

我们期待着这一天的早日到来。

木 星 ▶▶▶

木星（图 128）是太阳系中的最大行星。由于 1994 年 7 月 17 日至 22 日发生了举世皆知的彗木相撞事件，这使木星在人们的心目中更占显赫位置。那么木星真实面目怎样呢？尤其个别人还以为木星像地球一样是一个硬邦邦的实体。其实完全不然。木星实际是由液氢所组成。但由于其周围常常覆盖一层云彩，因此了解木星真相就更加困难了。

图 128

实际上构成模式比这更为复杂。新的试验结果表明：分子氢可能比以前估计的更冷些，并且温度较恒定。在木星，深层压力较大，温度约保持在 4000K 左右。

专家认为低温是由部分氢分子态向原子态过渡而导致的。很可能有一个很宽的过渡带，该带有可能是具有很少对流的静止边界。

在新的模型中，较强的气流是出现在分子层里。这说明部分行星磁场可能在更浅的深度上产生。专家还估计可能在 40 ~ 80GPa 温度可能有一个小峰值，这意味着可能存在着上下翻滚的对流，一方面向表面，另一方面向木星中心（上述分析只适于木星表面（图 129）层占 15% ~ 20% 直径的层）。在木星更深处，由于高温高压，氢已成为原子态，并随着深度增加，温度平稳上升。

图 129

这里边有一个重要的问题要涉及，既然木星大部分是由氢气组成，那么为什么在 1994 年 7 月 17 ~ 22 日的彗木相撞时没有引起巨大的氢气爆炸？（指整个木星的爆炸），从观察到的结果看，苏梅克—列维 9 号彗星碎片的撞击只引起了局部的爆炸和产生痕迹。这一点其实也好解释，爆炸是需要条件的，在大气层中因为氧气助燃，故爆炸十分剧烈。在木星的大气层中少氧气，虽然多氢气和甲烷气等，但爆炸也不会像想像的那样巨大。如果彗星相撞发生在地球大气层条件下，后果可能就严重了。而彗木相撞又没有形成核聚变的条件，因此木星没有在彗木相撞中形成核聚变而变为第二个太阳。

为了彻底揭开木星这层神秘面纱，美国于 1989 年 10 月 18 日又向木星发射了"伽利略号"探测飞船（它是由航天飞机携带发射升空的）。已于 1995 年 12 月抵达木星，目的是对木星及其卫星进行进一步地探测。

关于木星的基本情况我们更加了解，首先使人们认识到木星是太阳系中一颗十分奇特的行星。虽然它的质量只有太阳的 1 / 1000，但却拥有比太阳系行星数还多的自己的卫星（目前观测数为 17 颗），可谓是前呼后拥，好不神气。它的组成成分也十分接近太阳，并有奇特的发光发热现象，因此，有人提出木星将很可能成为太阳系的第二颗太阳，目前从其结构来看，也可称得上是"小太阳系"。那么木星能不能成为真正的太阳——恒星呢？如果从常规的天文知识来看，木星要想成为类似太阳这样的恒星，它似乎又太小了一点。

众所周知，太阳是一个正在进行热核聚变的气体星球，它以 4 个氢原子核聚变为一个氦原子并释放出大量热量和射线。所以常人俗称的太阳就是一个燃烧着的大火球（图 130）。

图 130

那么木星的情况如何呢？首先木星不是像地球一样的固体星球而是更像太阳一样的气体星球。据探测，现在已知木星的气体组成中有 88% 是氢气，11% 是氦气，甲烷、氨气和其他成分为 1%。由于物质间的引力所致，从木星上层往内部看去，逐渐由气态氢变为液态氢，最后为固体态（液态氢变为金属状），木星的核心很可能由岩石和水组成。按天体运行规律看，木星内部是固态有可能。因为木星自转速度十分快，木星上的一天（自转一周），相当于地球的 0.4 天，可想而知，木星由于自转线速度太快而形成的离心力就很大，因此内部压力减小，很可能是固体状。这和地球内部的熔状岩浆不同。地球内部液状熔浆在自转离心力的作用下很可能形成地飘旋形状。关于木星内部的确切情况，还有待进一步深探。

木星极光之谜

和地球极光一样，木星上也存在极光现象（图 131）。

木星为什么也会发生极光呢？其机理是什么呢？化学家们研究发现极光与某种离子（H_3^+）有关。

H_3^+ 是瀑布似地进入木星磁极附近高层大气的高能磁层电子产生的。电子把氢分子分解成离子，与氢重新组合形成 H_3^+。十多年前"旅行者"号发现木星的极光时曾认为入射带电粒子起源于等离子云，这个等离子云包围着木卫一，沿着连接木卫一和木星的磁力线到达木星的极区。

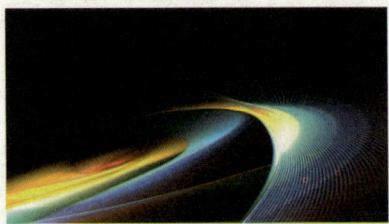
图 131

经过核准，现在则否定了这一看法。小组成员证明木星的极光出现的范围限制在木星两个磁极附近的两块比较小的"热斑"处，热斑随着木星旋转。从地球上看去，南部的两块热斑几乎是静止的。这意味着它们相对于木星午后天空中的太阳仍然是固定的。

图 132

研究表明，热斑的亮度迅速变化，因此极光（图 132）的物理过程显然要比以前"旅行者"号紫外观测认为的要复杂得多。

现在搜寻 H_3^+ 的工作继续在银河系气体丰富的区域进行。已在超新星 1987A 的遗迹里检测出这种离子。

木卫二上可能存在简单生命

人类对太阳系中行星的探测工作一直没有停止过。很久以前，美国与苏联就向金星、火星、木星、土星等太阳系行星发射出探测器或宇宙飞船。其中对可能有生命存在的星球——火星、木星及其卫星进行了重点探测。比如美国航空航天署（NASA）发送的木星探测器"伽利略号"在 1996 年 12 月 19 日掠过木卫二（图 133）（当时距离为 688 千米）时，拍摄了木

图 133

卫二的照片。从照片上的景象分析，认为木卫二上很可能具有低等生命存在。科学家们说，他们从照片上发现了浮冰的痕迹，这表明木卫二的内核很热，大量热能从火山口或热泉眼喷发出来，导致其表面的部分冰层融化。他们认为，水、有机化合物和一定的热量是生命存在的三个基本要素。人类在太平洋海底和南极洲冰层下等极端恶劣的自然环境中都发现过简单的生命形式，就是因为这些地方虽然环境恶劣，但都具备这三个基本要素。他们之所以认为木卫二上也可能存在生命，一是因为木卫二是一个覆盖着白褐两色冰层的星球，固体水非常丰富；二是因为太阳系天体上一般都含有有机化合物。所以，如果木卫二真有一个很热的内核，那么它上面就很可能存在简单的生命形式。

近几年来，对生命尤其是对宇宙生命的研究发现，对待生命问题也不可局限于已有的狭隘观念之上。生命存在并非只限于三要素，这三要素就是不完全存在，也可能有生命存活。比如在地球海洋下面 3000～4000 米处，高压 300～400 个大气压，也无阳光，也无空气和氧气，有的只是咸水，有火山喷发出的含硫气体，有喷发后的火山口和热温泉，水温甚至可达 300℃以上，按常规概念这里万万是不会存在生命的。然而，这里恰恰存在生命，而且还是十分活跃的生命体——带淡粉颜色的大蛤、蟹子和奇形的水下鱼类。这足以说明生命存在条件绝不局限于已知的三要素。

木卫一、木卫三和木卫四的新发现

其中最大的四个卫星——木卫一至木卫四是意大利天文学家伽利略首先发现的，故又称伽利略卫星。这 4 颗卫星都在距木星 40 万～190 万千米的轨道带上。由内至外依次为木卫一（伊奥），木卫二（欧罗巴），木卫三（嘉里美）和木卫四（卡利斯托）。它们的大小和表面特征完全不同。美国 1977 年发射的"旅行者号"探测飞船已将木星的卫星身影和秘密收入眼底。现分别介绍这四颗卫星的秘密。

①木卫一（图 134）（伊奥）

距木星平均距离为 42 万千米。其体积并不太大，其直径仅约 3640 千米，密度和大小类似月球，星体呈球状。整个表面光滑而干燥，有开阔的平原、起伏的山脉和长数千千米、宽百余千米的大峡谷，还有许多火山盆地。它的颜色特别地鲜红，比火星还红，可能是太阳系中最红的天体，上空由稀薄的二氧化硫大气及纳云所包围，并有很频繁的火山活动。旅行者1号探测器在木卫一的表面共发现了9座火山，火山的喷发高度为70～300千米，喷发速度平均每秒1000米，比地

图 134

球上任何一次火山爆发都大。这些火山不断地喷出由二氧化硫组成的烟，降落在木卫一的表面。这些烟是木星磁层中许多粒子的主要来源，也就是木星磁层中辐射带最强的部分。

②木卫三（嘉里美）

木卫三（图135）是木星最大的一颗卫星，它的体积比水星大，表面呈黄色，可分为盖满冰层的明亮区和冰上堆积着岩质灰尘的黑暗区，并有几处

图 135

横向错开的断层、线状地形，互相平行的山脊与深沟。这些线状地形互相重叠，显示它们形成的年代不同。因此，天文学家推断，木卫三可能曾经发生过类似地球的板块活动。经过几年来的研究发现，木卫三表面逸出大量氢气。科学家最近发现，从木卫三冰封的表面可逸出氢气。他们认为，可能有大量氧气在其表面漂浮或者被封在其冰层下，其氧气量可与地球上的一样多。

鉴于木卫三表面溢出的氢气量很大，这颗冰封的卫星上应该有足够的氧气，从理论上讲，可产生一层厚达3米的液氧层。其中一位科学家认为，氧气可能以液态形式存在，而另一位科学家则认为，氧很可能被封在冰中。

这一发现将有助于人们了解地球是如何演变成一颗能够孕育生命的行星的。

图 136

③木卫四（图 136）（卡利斯托）

木卫四同木卫二形成明显对照：是个"麻子星球"。

木卫四的表面布满了密密麻麻的陨石坑，最明显的特征是一个像牛眼似的白色核心，外面被一层圆环包围着，类似同心圆盆地，直径达 600 ~ 1500 千米。木卫四除了坑洞以外再也找不到其他特殊的地形，因而推断它是太阳系中最古老的卫星表面，在很早以前就终止了内部活动。

由上可知，每颗伽利略卫星都有自己的特点，它们的表面、颜色、地壳构造和我们熟悉的行星很不相同。通过对伽利略卫星的研究，我们对太阳系有了更新的认识。

木星会成为太阳吗

在太阳系行星的家族中，木星的个头可算是老大哥了，它的体积和质量分别是地球的 1320 倍和 318 倍。此外，它还有个与众不同的特点，它有自己的能源，是一颗发光的行星。在人们的认识中，行星不具备发光能力，是靠反射太阳的光线而发光。

科学家根据"先驱者"10 号和 11 号飞船探测的结果表明，木星是由液态氢所构成，它同太阳一样，没有坚硬的外壳，它所释放的能量，主要是通过对流形式来实现的。

观察表明：由于木星向周围空间施放热能，已融化了它的卫星——木卫一上的冰层，其他三颗卫星——木卫二、木卫三和木卫四仍覆盖着冰层。

就木星的发展趋势来看，很可能成为太阳系中与太阳分庭抗礼的第二颗恒星。据研究，30 亿年以后，太阳就到了它的晚年，木星很可能取而代之。

也有人认为，木星距取得恒星资格的距离还很远，虽然它是行星中最大的，但跟太阳比起来，又小巫见大巫了，其质量也只有太阳的千分之一。

图137

恒星一般都是熊熊燃烧的气体球，木星却是由液体状态的氢组成。尽管木星也能发光，但与恒星相比，又算得了什么。所以有人说，木星不是严格意义上的行星，更不是严格意义上的恒星，而是处在行星和恒星之间的特殊天体。（图137）

土 星 ▶▶▶

需要说明的是，在哥白尼提出日心说之前，地球那时还没有被归入行星之列。

从17世纪到20世纪的300来年当中，土星不仅是太阳系天体中惟一带环的行星，也是我们看到的所有天体中的独一份，可说是出尽了风头。它也因此特别受到天文学家们的关注，尽管如此，土星光环的很多秘密还是在20世纪70年代由探测器予以揭示的。土星光环确实也很漂亮，只要有一架

125

能放大一二十倍的小望远镜，你就可以很清楚地领略一番土星光环的风采。

土星的赤道直径约 12 万千米，是地球的 9 倍多；其质量则是地球的 95 倍。可是，这么大的一颗行星的密度却是出人意料的，只有 0.7 克／厘米³，比水的密度还轻。如果哪里有个大海洋能盛得下土星的话，它就会自

图 138

在地飘浮在水面上。土星拥有的卫星数堪称第一，这得归功于探测器。在探测器飞掠土星之前，我们只知道土星有 9 颗卫星，是它们又为土星增加了至少 13 颗卫星，或者更多一些。

除了提供土星光环（图 138）的新消息之外，行星探测器还取得了不少其他成果。比如，它告诉我们，土星大气既丰富多彩又极为复杂。土星大气的主要成分是氢和氦，并含有少量的甲烷和其他气体。云层中也有像木星那样的带状结构，呈棕黄色、黄色或橘红色，它们比木星云带（图 139）中的条纹结构更为规则，但色彩的鲜艳程度比不上木星。大气中有时也出现一些颜色灰暗的卵形物，大小相当于地球直径或更大些。

比较而言，土星赤道附近的一些地区显然要平静得多，但有时也会刮起时速达 1800 千米的特大"台风"。

"先驱者 11 号"发现了土星大气高层的电离层，主要由电离氢组成。按理说，与地球和木星一样，土星极区上空也该有极光发生，令人纳闷的

图 139

是好几个探测器先后经过土星附近时，都没有发现极光。该探测器还在离土星 130 万千米的空间发现了土星磁场；土星磁场比木星的要小，也没有木星磁场那么复杂，但比地球磁场要大上千倍。令人感兴趣的是土星磁场的形状，它并不对称，而是像一条在宇宙空间海洋中畅游的大"鲸鱼"，它前面有"笨拙"的"大鼻子"，"身子"两侧伸出了有点像是扇子形状

的"翅膀",后面则拖着一条长长的尾巴。与地球、水星、木星磁场不同的是土星的磁轴与自转轴是重合在一起的。

土星也存在辐射带,其辐射强度比不上木星,这比较容易理解,但连地球辐射带也还比不上,似乎就有点奇怪了。

探测器还证实了土星和木星一样,所发出的能量是从太阳得到的能量的二倍半,表明它有自己的内在能源。

土星浓密的大气为我们提供了许多新信息,但同时也阻碍了我们直接看到它的表面。先后飞掠土星的3个行星探测器使我们对土星的认识大大地深化了一步,不可否认的是,时至今日我们对土星的认识,包括它的环和表面等仍知之不多。计划中的"卡西尼号"土星探测器,如能顺利发射出去,这样的话,它不久将为我们传回土星的最新信息。

光怪陆离的土星环

土星光环(图140)从伽利略发现,惠更斯确定之后,观察、研究土星光环的工作就一直没有放松过。1675年,法国科学家卡西尼发现土星光环之间有一圈又细又暗的缝隙,被称为"卡西尼环缝"。开始,人们用望远镜观察,只看到了3个同心光环,即A环、B环和C环,又称外环、中环和内环,卡西尼环缝就在A环和B环之间。后来又发现了D环和E环。在B环和C环之间,又发现了法兰西

图140

环缝,在卡西尼环缝和A环之间,又发现了恩克环缝。1979年,"先驱者"11号宇宙探测器又发现了F环和G环、F环与A环之间的空隙,被命名为"先驱者环缝"。这样,土星的光环就增加到了7个。

在1980年11月12日,当"旅行者"1号宇宙探测器发回土星照片时,人们从照片上看到的土星光环(图141),真是令人大吃一惊,那上面的光环,远比人们在地球上观察到的要复杂得多。人们用望远镜看到的那几条大光环,原来是由数以百计的小光环组成,小光环里还有更小的光环。就连卡

图141

西尼环缝里，也竟然发现了20多条地球上看不到的光环。发现不到1年的F环，原来也是由F_1和F_2两条光环组成的，奇怪的是，这两条光环像发辫一样由几股细环扭结在一起。光环的形状还有螺旋形的，轮辐状的。环的大小相差极为悬殊，大的达到几十米，小的只有几厘米，更小的连环与环之间的界线都分不清。

"旅行者"1号宇宙探测器还发现了3颗新的土星卫星，这样，土星的卫星就有15颗了。有趣的是，在F光环的里侧和外侧，一个是土卫13，一个是土卫14，它们像牧羊人保护羊群一样，把F光环夹在中间，有人便给这颗卫星取了个动听的名字："牧羊人卫星"。

至此，寻找土星光环的工作并未停止，1983年，美国天文学家明克预言，在离土星85万～115万万千米的地方可能还有光环。事隔一年左右，印度天文学家按图索骥，果然在这里找到了一些土星的外环。

这些光怪陆离的土星环的发现，为人们提供了许多前所未有的奇异景象，又给科学家们提供了新的课题，这就需要人们对这些现象给予恰如其分的解释了。

土星的六角云团是什么

美国国立光学天文台的科学家们在研究"旅行者2号"发回的土星照片时，发现了一个奇怪的现象：在土星的北极上空有个六角形的云团。这个云团以北极点为中心，没有什么变化，并按照土星自转的速度旋转。

关于土星北极六角形云团，（图142）并不是"旅行者2号"直接拍到的，因为它并没有直接飞越土星北极上空。

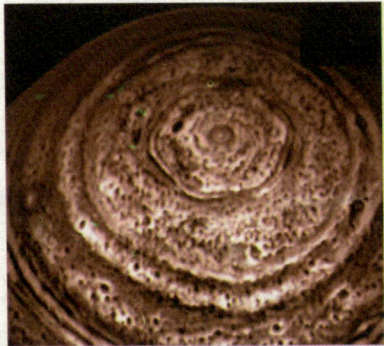

图142

但它在土星周围绕行时，从各个角度拍下了土星照片。天文学家们把那些照片合成以后，才看清了北极上空的全貌，也才发现了那个六角形云团。

土星北极上空六角形云团的出现，促使科学家们不得不重新认识土星。美国国立光学天文台的戈弗雷前不久测出土星的自转周期是 10 小时 39 分 22.082 ± 0.22 秒，这就是根据"旅行者"1 号和 2 号拍摄的土星北极上空的六角形云团的特征而计算出来的。在这之前，则是根据它的周期性射电来探测的。

戈弗雷发现，土星北极的六角形结构是由快速移动的云团构成的，尽管如此，它还是很稳定。戈弗雷说："这种对应使人们觉得六角形和同样速率的内部自转全然不像是一种巧合。这种表面特征和行星的内部不知有什么联系。"

美国宇航局戈达德空间研究所的阿林森和新墨西哥州大学的毕比认为，土星六角形云团是罗斯贝波，这是一种特殊类型的波，它也会在大气和地球海洋出现大尺度稳定波运动。罗斯贝波具有很长的波长。在土星上，这种波相对于土星的自转来说，是稳定的，并被嵌在一个窄的、以每秒 100 米的速度向东喷发的喷流中。六角形云团至少被一个椭圆形涡漩（图 143）

图 143

摄动而向南移，这个涡漩的直径大约为 600 千米。但是，土星的"行星波数"为什么呈六角形？现在还没有一个令人满意的解释。

闪电会出现在土卫六上吗

闪电一般出现在体积较大的行星上，如木星、土星等，天王星上也可能会出现，可像土卫六这样的小天体上，也会出现闪电吗？有些科学家对此曾持肯定态度。最近的研究表明，即使是土卫六上存在闪电，也要比地球弱 1000 倍。

由于人们对土卫六的情况知道的太少，因此有人估计土卫六闪电的输出功率仅是地球放电能量的千分之一。闪电可能在土卫六大气的物质组成和化学性质方面起了十分重要的作用，几种碳氢化合物的丰度可以通过阳光引起的反应来加以解释。但难以解释的是大气中为什么含有那么多的乙烯，有人认为闪电可能是一种间歇的催化剂。德希和凯泽分析这种隐含的弱放电会不会是由于一些其他的未知过程引起的。

关于土卫六闪电（图144）的确定性消息要等卡西尼探测器进入土星轨道后才能得到。作为宇航局和欧洲空间局的一项共同任务，他们将派遣称为"惠更斯"的探测器进入土卫六大气，卡西尼和惠更斯一起来探测土卫六上的闪电现象，其性能要比旅行者1号灵敏百倍。不过到时候也许又会出现新的难解之谜。

图144

土卫八为什么有一对阴阳脸

早在1671年，土星的第八颗卫星就已经被人们发现，当时人们就注意到了它有悬殊的亮度变化，它在土星西边要比在东边亮两个星等。当"旅行者"1号和2号飞近这颗卫星时，发现有一条暗带蜿蜒穿过前半球，分别在经度和纬度方向延伸220°和110°。

通过观测表明，土卫八（图145）较亮的部分覆盖着大面积的冰层，较暗的一面则是由类似陨石中的碳化物所覆盖。加拿大科学家克劳蒂斯认为暗的部分像是地球上的焦油沙粒，是一种泥土、石英颗粒、碳氢化合物和微量无机物的混合物。

早在15年前，有人就曾假设土卫八暗的一面是它吸收土卫九抛出的物

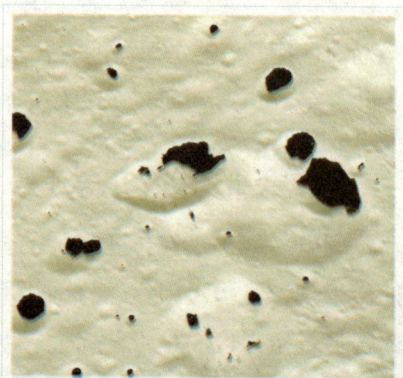

图145

130

质而形成的。对此，泰贝克和扬提出了三点怀疑：从颜色上看，土卫九是黑色，土卫八的暗物质微红，说明土卫八吸收土卫九物质的可能性不大。从距离上看，土卫九绕土星轨道比土卫八远 3 倍，说明二者接触的可能性不大。从运行轨道看，土卫九是颗逆行卫星，与土卫八绕土星运行的轨道正好相反。这都说明，土卫八暗的一面的形成，与土卫九关系不大。

对土卫八阴暗面的形成，还有其他见解。有人认为，土卫八暗的部分可能被一层逐渐浸蚀的水冰覆盖着。可经研究，冰点腐蚀不能说明暗带在经度方向比纬度方向延伸更远，这是个令人费解的现象。也有人认为，土卫八暗的部分可能是太阳的紫外光把甲烷转换成更复杂、更暗的碳氢化合物，事实证明，这种说法也不能成立。

天王星

18 世纪、19 世纪和 20 世纪，各发现了太阳系的一颗大行星，而且它们离太阳的距离一颗比一颗远，平均距离分别约 19 天文单位、30 天文单位和 40 天文单位。它们就是我们现在所知道的太阳系中最远的 3 颗大行星：天王星、海王星和冥王星。如果说，发现它们很不容易，那么，研究它们也是相当困难的，因为它们离我们是遥远的，传递给我们的信息不多。

天王星（图 146）的发现完全是偶然的，是"意外"收获。但从太阳系天体发现史的角度来看，这也是必然的，事情发展到了一定的时候，条件成熟了，再加上机遇，发现或者发明就是必然的了。至于是哪一位来发现

图 146

131

图 147

它或者完成此项发明，那是另外的问题了。对于赫歇耳兄妹来说，那绝不是件侥幸的事，如果缺乏丰富的天文知识或者没有他们的勤奋观测，发现天王星（图 147）肯定是不可能的。

就在天王星被发现之后不太久，好几位天文学家各自独立地推算出了它的一些基本情况，如距离、公转周期等等。天王星与太阳之间的平均距离是 19.1 天文单位，约 29 亿千米；公转周期约 84 年，直径约 5.2 万千米；质量为地球的 14.6 倍。

直到 20 世纪 80 年代，根据行星探测器所提供的资料，它的自转周期被比较精确地定为 16.8 小时。各行星的自转轴，一般都与公转轨道轴相差一个不大的角度，对地球来说，这个角度是 23.5° 不到，天王星的这个相应角度却是 98°，或者说它不像地球那样"斜"着身子绕太阳运动，而是"躺"在自己的轨道上自转和公转。已知天王星有 15 颗卫星。

到目前为止，只有一个探测器对天王星进行过"现场"考察，它就是"旅行者 2 号"，它从离天王星约 10 万千米的空间飞掠而过，获得的信息比过去 200 年中所得到的全部知识还多得多。天王星大气的主要成分是氢和氦，令人感兴趣的是高层大气的温度比原先预料的要高得多。

过去认为天王星不一定有磁场，即使有的话，一定也只是个微弱的磁场。探测器却发现它的磁场不算太弱，大致相当于地磁场强度的十分之一。比较别致的是它的磁场是"扭曲"的，即磁轴与自转轴的交角达 58° 之多，这一点与其他行星的磁场有很大的不同。

海王星

海王星到地球的距离为 38.5 天文单位，折合约 57.75 亿千米。海王星还有许多谜底尚未揭开，这需要进一步探索。

海王星弧状环之谜

海王星（图148）距离地球较远，因此用天文望远镜观测，还有好多内幕不易查清。所以，利用宇宙飞船靠近观测和拍摄天文图片，用无线电波发回地球，然后再利用电脑进行图像处理，从而能发现一些奥秘。海王星的弧状光环就是这样发现的。据资料介绍：当美国的"旅行者2号"于1990年飞过海王星时，曾观测到它最外围的环(名为"亚当斯环")上有了一小段明亮的短弧。这些弧状环虽然早在80年代就被天文

图 148

学家在地面探测到，当时人们观测海王星（图149）掩星，记录到一些奇怪的闪变。为此，专家们花掉好多心血研究，但细节不清。

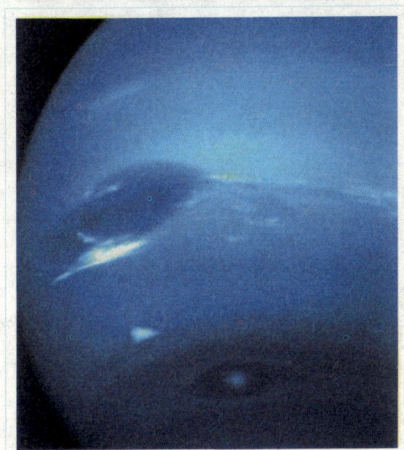

嘎拉提亚卫星和亚当斯环的运行周期正好是 42 ：43，于是卫星以两种形式对环带物质产生引力摄动。一种是"林德布拉德共振"，使环物质粒子向内或向外振动，逼迫它们压缩在一段狭窄的带状区。另一方面，由于卫星轨道与环平面有 0.03° 倾角，嘎拉提亚还产生一种"同转性共振"，将环物质粒子约束在大约 4° 的间隙区内。早先，坡科和其他科学家都曾

图 149

被弧环看上去是 12°～13° 的表象所愚弄，没想到那是成组的更短弧段。当林德布拉德共振力扫过亚当斯环时，使它向内侧或外侧偏移大约 30 千米。

为何一段段弧环如此靠近？为什么它们并非理论计算的最多为 86 段？坡科猜想，这可能与它们的起因有关。那密集编队的 5 段弧环也许都是一颗早已瓦解的小卫星的残余物。较大的碎片集中在弧状区，由于流星撞击产生大量屑粒，填满了这一区域，使我们得以看见它们。更多的信息还待研究。

海卫二奇怪的轨道和亮度

当人们在 1949 年发现海卫二的时候，就注意到了它那奇怪的轨道。它的轨道是扁长的，最近距海王星 140 万千米，最远则达到 970 万千米。

前些时候，美国宇航局的天文学家通过对海卫二表面的反射光进行第一次详尽地光度测定后发现，1987 年 7 月，它的反射光的强度在 8 昼夜内就变化了 4 次。海卫二的轨道为什么这样奇怪？而它的反射光为什么又这样的扑朔迷离呢？科学家们对此提出了种种不同的看法。

对于它那扑朔迷离的反射光，一种解释认为是来自于它那种极不规则的形状。人们观测到的亮度取决于它的哪一面朝向地球。到目前为止，科学家们还没弄明白像这样大的卫星（它的直径不小于 600 千米）为什么会有这样不规则的形状。一般认为，任何直径在 400 千米以上的天体，其引力都会使它呈相当规则的圆球形。还有一种解释认为，海卫二的表面有不同的反照率。

关于海卫二（图 150）的扁长轨道，也有不同解释。一种观点认为，海卫二曾经是一颗从未被海王星引力所触及的小行星，因此形成了扁长的

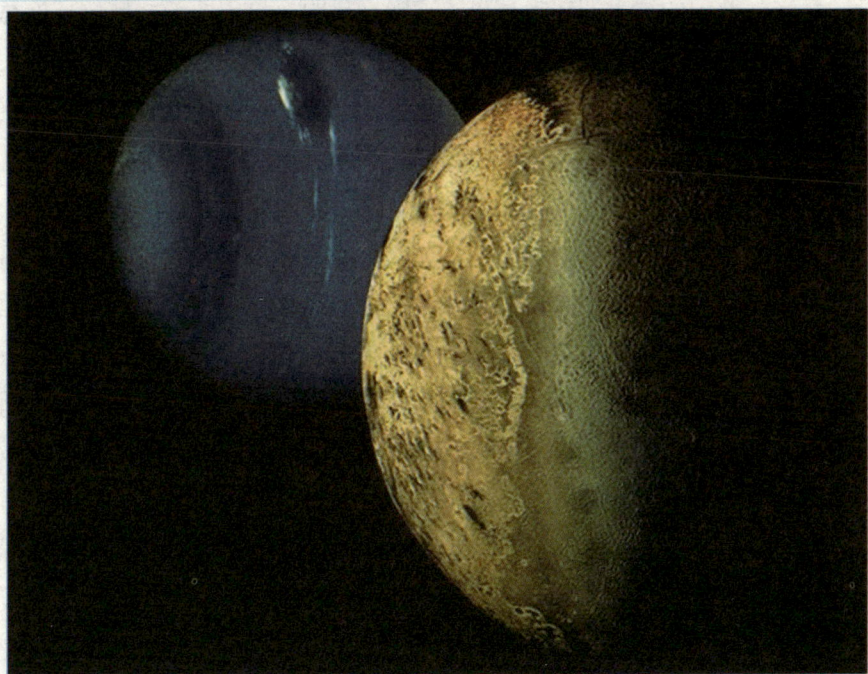

图 150

轨道。还有人认为，海卫二是由一些远离海王星的细小天体组成，后来才同海卫一一起，被某个巨大天体从原始轨道挤撞到现在的轨道。

关于海卫二的种种怪现象的解释，到现在还没有一致的意见。

太阳系小行星

太阳系的九大行星都有自己的轨道，且行星与行星之间也都有相应的距离。所以，当人们发现火星与木星之间的距离太空旷时，有人就敢断定，在这中间还应有一颗行星。最早注意到这一问题的，是著名的科学家开普

135

勒。后来，德国的提丢斯还计算出了这颗行星距离太阳的天文单位。柏林天文台台长波得还计算出了这颗行星绕太阳一周的时间。这件事引起了人们的极大兴趣，纷纷行动起来对这块天空进行搜索。

没过多久，新天体与太阳间的确切距离被算了出来，是 2.77 天文单位，与从提丢斯—波得定则算出来的数值只相差 3％。如此接近的两个数值，把好些天文学家都惊呆了。那么它的直径大小又怎么样呢？科学家们得出的结果是 700 多千米（目前，它的直径被定为 1000 千米强），只及我们地球的卫星——月球直径的 20％略多一些。这么小的一个天体无论如何是不可能获得"大行星"的称号的；可是，它终究还是像大行星那样绕着太阳转呀，这是无法否定的。结果是，它获得了"小行星"的名称，是太阳系里一种前所未知的、十足的"新品种"天体。

图 151

尽管人们在 2.8 天文单位处发现的是一颗小行星（图 151），而不是所希望的大行星，这似乎有点美中不足，但终究还是找到了大家已等待了数十年的新天体，这是主要的。波得看到定则引出了这么一个结果，还是很满意的。提丢斯则已在 4 年前去世。

关于波得定则和发现小行星的事，到此好像可以告一段落了。不然，事物的发展常常是出乎预料的。其他小行星接着被发现，可以说就是这样。

1802 年 3 月，德国的一位天文爱好者奥伯斯医生，于无意之中又发现了一颗小行星，它与太阳之间的距离，基本上和"刻瑞斯"差不多。这第二颗小行星的直径比头一颗要小得多，一直被定为 500 千米弱（目前，它的直径被定为约 560 千米）。第二颗小行星被称为"帕拉斯"。帕拉斯是希腊神话中智慧女神雅典娜的别名，我国把她译为"智神星"（图 152）。

图 152

其他大行星所在的空间，无例外地都是一颗行星，有的则还有几颗卫星在绕着转。可是，在2.8天文单位附近的空间，怎么会有两颗行星，而且都是直径不大的小行星呢？这可算是件新鲜事，大家不知道对这种现象怎样解释才好。尽管如此，时间一久，许多人也就不那么关心此事了。

两年之后，小行星问题再一次引起天文学家们的极大惊奇。1804年9月，另一位德国天文学家哈定又发现了一颗小行星，比前两颗还小，直径只有195千米（目前，直径被定为约230千米）。使人感到特别惊讶的是，这第三颗小行星跟前两颗扎成了"堆"，它与太阳之间的平均距离与前两颗相当。第（3）号小行星被称为"朱诺"，朱诺是罗马神话中大神朱比特的妻子。我国把这颗小行星译为"婚神星"。

三年后，即1807年3月，（2）号小行星的发现者奥伯斯，还是在那同一个空间区域里，再次发现了一颗小行星，这就是（4）号"威斯塔"。

图153

它的直径在一段时间里被定为400千米弱（目前，它的直径被认为约520千米）。在罗马神话中，"威斯塔"是灶神和火神，在古罗马，几乎每个家庭都把她供奉在房子的中央。我国把她译为"灶神星"。（图153）

4颗小行星都挤在不大的空间里绕着太阳运转，这对天文学家们来说是闻所未闻的。在此前后，还有一些天文学家和天文爱好者在寻找新的小行星，但都一无所获，没有任何新成员参加到"四星俱乐部"来。

30多年之后，事情又有了新的发展。德国一座小城镇的邮政局长、天文爱好者亨克，在经过15年的观测和搜索之后，于1845年12月发现了第五颗小行星；1年半后的1847年7月，他又发现了第六颗。而且从此之后，每年都有几颗或若干颗小行星被各国天文学家观测到，并登记到小行星表中来。19世纪60年代末，小行星数突破100颗，70年代末，达到200颗，就这样，到19世纪末，小行星数已超过400颗。20世纪中，小行星数增加得更快，第（1000）号小行星是在20世纪20年代被发现的。60年代，已正式编了号的小行星超过 2000 颗，80 年代，已超过 3000 颗，到 1996 年 1 月初，已达 6160 颗。而且已经被初步发现，但尚未最后得到证实和编号的小行星正在增加。

说这么一点就可以了，1983 年 1 月发射成功的"红外天文卫星"，在其存在和工作的 10 个月期间，记录到的小行星超过 11 000 颗，其中，只有约六分之一是曾经被观测到过的。而有人估计，运行在火星和木星之间的小行星总数，光是直径在 1 千米以上的，有可能超过 50 万颗！（图 154）

图 154

很自然的一个问题是：这么多小行星是从哪里来的？

还在小行星只被发现三四颗的时候，那位第（2）、（4）号小行星的发现者奥伯斯先生，曾提出过一种解释。

这种意见当然不会得到大家的同意。有人责难他，爆炸怎么只产生 4 个碎片，而且已发现的那几个小行星的形状，为什么大体上还都比较接近圆形，更不要说大行星自我爆炸的能量从哪里来。奥伯斯当然无法回答这些问题。

说实在的，当初责难奥伯斯的那几个问题，现在看来都不算是什么大问题，谁都知道小行星的数量简直是多得难以计数的，而且就从 20 世纪 90 年代初开始，行星探测器从近处飞越小行星时，先后为我们拍摄了其中几位"代表"的照片，使我们大开眼界。天文学家们有史以来第一次领略了小行星的"风采"，原来它们的"庐山真面目"确实都是千奇百怪的，好像是些从哪里来的碎片似的。从这些方面来看，似乎比较有利于小行星的"爆炸成因说"的观点。但是，大行星究竟为什么要爆炸，爆炸的能量从哪里来等问题，仍然无法说清楚。

关于小行星究竟是从哪里来的问题，除爆炸说之外，还有不少说法，如"碰撞说"，认为那颗假想的大行星是被另一个还不明"身份"的天体或其他什么"东西"撞碎了的。另一种比较流行的说法可以称作"半成品说"，即原先在那部分空间的物质，由于缺乏凝聚成为大行星的必要条件，最后形成为数甚多，但都很小的"半成品"天体，即小行星。

关于小行星的起源，除以上几种著名观点外，还有一些其他假说。如有人认为，这些原本是无家可归的星体，好心的太阳收留了它们。也有人认为是木星抛出的物质形成。

一些天文学家分析，小行星之所以都集中在这里，是由于几十亿年间大行星的引力摄动逐渐形成的。那么，在木星和土星之间，会不会有第二条小行星带呢？（图155）

图 155

17年前，一些天文学家测定，大多数小行星在6000年后可能要被驱散，留下的少数小行星分布在位于木星到太阳平均距离1.35倍和1.45倍的两条带里。可是最新的测定表明，所有的小行星最终都要移动，其中最稳定的小行星持续的时间不超过900万年。说明在太阳系内有可能存在第二条小行星带（图156）。但是，美国马萨诸塞州的三位科学家富兰克林、莱卡尔和索珀经过深入观测和研究，认为在木星和土星之间不可能存在一条小行星带，因为在这两大行星之间，没有发现假设的小倾角小行星轨道。

图 156

　　事情到此并没有结束，"脱罗央群"小行星的发现，又给人们带来了希望。前些年天文学家发现，在木星轨道上有一群脱罗央小行星。小行星分成两组，分别位于木星前后方60°处的两个拉格朗日重力平衡点周围，与木星同步运行。最新的一项研究表明，似乎火星也有自己的脱罗央群小行星。1990年6月19日晚，美国帕洛玛天文台的霍尔特和《天空与望远镜》杂志专栏作家烈维用望远镜拍摄到了一个17星等的移动天体，临时编号为1990mB。经计算表明，这是位于火星轨道L_5重力平衡点上的一颗小行星。

　　人们曾听到"1968年6月15日，一个星球将与地球相撞"的可怕消息，并引发了一场大辩论。引起争论的就是小行星伊卡鲁斯。

　　研究表明，这颗小行星以9千米／秒的速度接近地球，如果它真的偏离轨道与地球相撞，那将是非常可怕的事情。一般认为，美国亚利桑那州沙漠中的巴林杰陨石坑（图157）（直径1265米，平均深度180米），是由一颗直径80米、重200万吨的陨石造成的。伊卡鲁斯的重量达20亿吨，仅从重量考虑，伊卡鲁斯也应具有1000倍于巴林杰陨石的能量；如果它再以迅猛的速度撞向地面，那么所造成的灾害实在不堪设想。当时，有些科学家认为这次发生天体与地球相碰撞的

图 157

可能性很大。但也有学者反对，认为巴特拉计算的小行星轨道角度有数度之差，发生天体与地球相碰撞的可能性为零。这期间，欧美和日本的新闻刊物一再出现"伊卡鲁斯可能与地球相撞"的报道。到了1968年6月15日这一天，伊卡鲁斯小行星从距离地球630万千米的空间飞奔而去，地球安然无恙，这场争论才得以平息。

Part 9
恒　星

　　恒星是由炽热气体组成的，是能自己发光的球状或类球状天体。由于恒星离我们太远，不借助于特殊的工具和方法，很难发现它们在天空的位置变化，因此古代人把它们认为是固定不动的星体。我们所处的太阳系主星太阳就是一颗恒星。

五彩的恒星 ▶▶▶

看到这个标题，读者不禁会问，我们看到的夜空中（图 158）那些闪烁的星星不都一种颜色吗？事实上，天上的星星是五颜六色的。

认真观看星空的人一眼就看出恒星的颜色不一样，有红色、黄色、白色和蓝色等，好像五彩缤纷的明珠。恒星为什么有这么多种多样的绚丽的色彩呢？

你是否到炼钢厂去参观过：当钢水在钢炉里的时候，由于温度很高，它的颜色呈蓝白色，钢水出炉后，随着温度的逐渐降低，它的颜色最初变为白色，再变成黄色，再由黄变红，最后形成黑色。由此可见，物体的颜色取决于物体温度，天上的星星也是同样的道理。它们的不同颜色代表星体表面温度的不同。天体的温度不同，它们发出的光在不同波段的强度是有差别的。从恒星光谱型我们已经清楚，不同颜色代表不同的温度。一般说来，蓝色恒星表面温度在 25 000℃以上，如参宿七、水委一、马腹一（甲星）、十字架二（甲星）以及轩辕十四等。白色恒星表面温度

图 158

在 11 500℃ ~ 7700℃，如天狼星、织女星、牛郎星、北落师门以及天津四等。黄色恒星表面温度在 6000℃ ~ 5000℃，如五车二和南门二等。红色恒星温度在 3600℃ ~ 2600℃，如参宿四和心宿二等。

太阳的表面温度大约 6000℃，按道理，太阳应是一颗黄色的恒星，为什么我们白天看见的太阳是发出耀眼夺目的白色呢？其实，这是由于太阳离我们较近的原因。如果有机会乘宇宙飞船到离太阳较远的地方，你会看到，原来太阳也是一颗黄得发耀的星星。而美丽的朝霞和晚霞绽放红光的原因则是因为地球大气层对太阳光七种颜色中的红光折射偏角最大的原因而导致的。

中子星 ▶▶▶

科学界普遍认为，恒星演化到后期阶段，总会向外猛烈抛发大量物质，形成行星状星云。而中央残核则形成一颗致密天体——白矮星或者中子星（图 159）。

白矮星，体积和地球相近，但它的密度却是太阳平均密度的 10 万倍以上。1862 年，美国著名光学家克拉克发现了天狼星的一颗伴星就是一颗白矮星，它的平均密度是每立方厘米 175 千克（至今为止人们已观测到 1000 多颗白矮星）。

中子星，体积不如白矮星大，质量和太阳差不多，但其半径只有十几千米，其密度高达每立方厘米 10 亿吨以上。中子星上一个仅有核桃大小的东西就有 10 亿吨重，在地球上要用几万艘万吨巨轮才拖得动。这简直令人

图 159

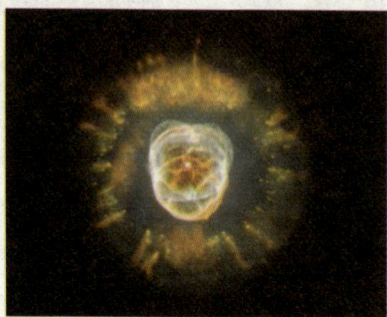

图 160

瞠目结舌。中子星不光密度高，令人不敢相信，它的温度、压力、磁场也比人们想像中高很多，它中心的温度大约 60 亿度。它的中心压力比太阳中心压力高 3 亿倍，它的磁场比太阳磁场高几万亿倍。中子星同样也是恒星晚年阶段遗留下的残核。

这种高温、高压、高密度的中子星（图 160）是怎么形成的呢？科学家推测，由于超新星的爆发产生的巨大压力，把原子里的核外电子挤压到了原子核里面，与核里的质子结合产生中子才形成"中子星"。

来自彗星的危险 ▶▶▶

彗星是怎么来的？这一问题历来是天文学家关注的焦点，并且提出了各种各样的假说。

一种观点认为，彗星是在太阳系内部形成的。持这种观点的人推测，它可能是木星之类的大行星以及卫星上火山喷发出的一些物质形成的，也可能是由于太阳系内的两颗大行星互相碰撞形成的。

还有一种与之截然相反的观点，认为彗星不是在太阳系内形成的，而是来自太阳系以外的恒星际空间，受太阳的引力影响把它们从恒星际空间吸引过来的。

后来，荷兰天文学家奥尔特又提出了奥尔特云假说。这一观点一度在科学界盛行。奥尔特认为，在遥远的太阳系边缘之外，有一个彗星冷储库——彗星云。因为彗星云是奥尔特提出来的，又称奥尔特云。在这里，

图 161

聚集着大量的彗星核，质量比地球小，成为"新"彗星产生的源头。因为彗星处在太阳与其他恒量之间，由于受到恒星的吸引，使一部分彗星改变了自己的运行轨道，便转移进了太阳系之内，另有一些被抛到太阳系之外。

此外还有一种观点，虽然与奥尔特有所差异，但也偏向于彗星（图161）产生于离太阳很远的地方这一主张，那里是气温在 –170℃以下的寒冷环境，长期接触不到高温气候。

近来又有人提出，彗星是从原始太阳星云的旋转碎片中产生的，是形成太阳和大行星的稠密星际云的一部分，最初是气体分子、水、二氧化碳和其他物质。后来凝结成硅尘微粒，逐渐又凝结成较大的粒子。时间一长，便形成了彗星。

以上各种观点各抒己见，互不妥协，它们之间的争论将持续下去。不论争论的结果如何，有一个问题足以引起各方的重视，那就是彗星对地球的威胁（图162）。

1993年3月23日，美国天文学家苏梅克和他的夫人及好友利维在海尔天文台用46厘米的施密特望远镜观测了一夜，就在他们即将结束工作、准备收拾行囊时，却在冲出的底片上见到了一位"不速之客"。三个人经

图 162

反复讨论分析，认为这个奇怪的天体可能是一颗彗星。这一发现很快便被美国基特峰天文台所证实，并发现彗核已分裂成 20 多块，一字排开，看上去就像一空中列车。按照彗星以发现者名字命名的惯例，这颗彗星命名为苏梅克—利维 9 号，简称 S–L9。

跟踪观测后发现，S–L9 早在 1970 年就在绕木星运转，1992 年它距木星约 19 万千米时，木星的引力将彗核分裂成 21 块，平均每块直径 1 千米，最大的 4 千米。天文学家当时预测在木星强大的潮汐力作用下，这些彗核将于 1994 年 7 月以每秒 60 千米的速度与木星相撞，撞击点位于木星南纬 45° 左右。S–L9 是人类发现的被行星捕获，并将在众目睽睽之下与行星相撞的第一颗彗星，这一消息立即轰动了世界。

1994 年 7 月 17 日北京时间凌晨 4：15，人们期待的彗木相撞开始了。最先撞向木星的是 A 核，虽质量不大，但爆炸产生的能量也相当于 100 枚投在广岛的原子弹，在木星表面留下一个直径 1900 千米的黑斑。

最大的 G 核发起的对木星的第七次撞击真可谓惊心动魄。G 核撞到木星上，烈焰一下子蹿到 1600 千米的高空，待升到 2200 千米时，火球猝爆，木星大气温度瞬间升高到 30 000℃ ~ 50 000℃，由此产生的红外辐射"亮"

图 163

得使美国威尔逊山天文台的红外望远镜"睁"不开眼。

7月22日16:12，S–L9 最后一块碎核——W 核撞入木星。彗木相撞整个过程总共持续了5天半，爆炸所释放的能量估计高达40万亿吨TNT（烈性炸药）当量，或者说相当于爆炸了20亿颗原子弹。撞击（图163）点全在南半球，有的撞击点彼此离得很近，甚至重叠在一起。有7个创面直径超过10 000 千米。其中 C 核的最大，估计有几万千米。

S–L9 终于香消玉殒了。它并未像有些天文学家事先担心的那样改变木星的轨道、自转速度和方向，也没有激发核反应，改变木星云系，增加木星环，或给地球带来什么影响。但它却给人类带来了一系列思考和启示：地球是否也会遇到木星这种情况，到那时我们该怎么办？彗木相撞，我们毕竟是隔岸观火，有惊无险。一旦火烧到地球上，我们将如何处理呢？

根据历史记载，平均800万年就会有一颗彗星与地球相撞。按照地球年龄计算，地球大概已遭到560颗或大或小的彗星袭击，但看来并没把地球怎么样。1910年哈雷彗星回归时，地球在它的大尾巴里钻了几个小时，但由于彗尾的物质太薄了，只有地面空气密度的十亿亿分之一，所以人们

图 164

毫无察觉。但这并不是说我们对此可以高枕无忧，1908 年 6 月 30 日发生在西伯利亚地区的通古斯事件人们至今记忆犹新，它是我们所知地球被撞事件中最确切也是爆炸规模最大的一次。近年来越来越多的研究证明，这一事件的肇事者是一颗头部撞入地球的彗星（图 164）。

总之，地球不设防的时代结束了。